Dr. Hans von Boetticher

Wildhühner – Fasanen, Hokkos, Perlhühner, Pfauen

Dr. Hans von Boetticher

Wildhühner

Fasanen, Hokkos, Perlhühner, Pfauen

12. Auflage
überarbeitet, aktualisiert und ergänzt durch
Christian Möller, Heiner Jacken und Dr. Gabriele Lehari

Oertel+Spörer

Bildnachweis

Titelbild: Großes Bild *(Phasianus versicolor robustipes)*: NPL Nature Production (Arco Digital Images)

Kleine Bilder: NPL Rod Williams (Arco Digital Images) (1); P. J. Muss (2)

Innenteilbilder:

Karl-Heinz Grabowski: S. 66 o., 89 u.; Ariel Jacken: S. 44, 56, 57(2), 68 u., 75, 125, 133; Hubert Jütten: S. 10, 18, 116 o., 119, 124, 127, 129, 159, 161, 171(2), 173, 175, 178, 179; Dr. Gabriele Lehari: S. 12, 14, 15, 16, 17, 20, 21(2), 22, 25, 40, 42 o., 47, 53, 59(2), 61, 62, 66 m. und u., 68 o., 69 u., 79 u., 80 u., 82, 83 o., 84, 87, 96, 98 u., 99 m., 102(2), 103, 116 u., 122, 138(2), 145, 146, 147, 148, 158, 167, 172, 174, 176, 177(2); Christian Möller: S. 118; NPL Barry Mansell (Arco Digital Images): S. 180; NPL Luiz Claudio Marigo (Arco Digital Images): S. 164; NPL Rod Williams (Arco Digital Images): S. 27, 144; Therin-Weise (Arco Digital Images): S. 152

Alle anderen Fotos von P. J. Muss.

Haftungsausschluss

Die Hinweise in diesem Buch wurden vom Autor sorgfältig recherchiert und geprüft. Es können jedoch keinerlei Garantien übernommen werden. Eine Haftung des Autors, des Verlags und seiner Beauftragten für Personen-, Sach- und Vermögensschäden ist ausgeschlossen. Sämtliche Teile des Werks sind urheberrechtlich geschützt. Jede Verwertung außerhalb der engen Grenzen des Urheberrechtsgesetzes ist ohne die schriftliche Zustimmung des Verlags und des Autors unzulässig und strafbar. Dies gilt insbesondere für Vervielfältigungen, Übersetzungen, Mikroverfilmungen und die Einspeicherung und Verarbeitung in elektronischen Systemen.

Bibliografische Information der Deutschen Nationalbibliothek

Die Deutsche Nationalbibliothek verzeichnet diese Publikation in der Deutschen Nationalbibliografie; detaillierte bibliografische Daten sind im Internet über http://dnb.d-nb.de abrufbar.

Postfach 1642 · 72706 Reutlingen

Lektorat: Dr. Gabriele Lehari

DTP und Repro: Oertel+Spörer GmbH + Co. KG, Reutlingen

Druck und Bindung: Oertel+Spörer Druck und Medien-GmbH+Co., Riederich

Printed in Germany

ISBN 978-3-88627-562-5

Inhalt

Vorwort

Acht Jahre nach Erscheinen der 11. Auflage des vorliegenden Buches wurde ich beauftragt, den Inhalt zu aktualisieren und zu ergänzen. Hierfür wurde die Familie der Hokkos in diesem Buch mit aufgenommen. Fakten über ihre Biologie, Haltung und Zucht werden, so weit bekannt, näher beschrieben. Außerdem wird ergänzend das Pfauentruthuhn in dieser Publikation beschrieben.

Die wissenschaftliche Systematik wurde dankenswerter Weise von Frau Dr. Gabriele Lehari auf den neusten Stand gebracht sowie eine durchgehende vierfarbige Bebilderung vorgenommen.

Dank sagen möchte ich weiterhin Herrn Heiner Jacken für die Durchsicht des allgemeinen Teils dieses Buches.

Ich hoffe die Ziergeflügelzüchter mit der überarbeiteten Auflage zu ermutigen, auch weiterhin die artenreichen Familien unserer Wildhühner in menschlicher Obhut artenrein zu erhalten.

Gewidmet ist dieses Buch meinem kürzlich verstorbenen verehrten Mentor und väterlichen Freund, unserem langjährigen Vorsitzenden der WPA, Herrn Dr. Wolfgang Grummt.

Erfurt im Juni 2013
Christian Möller

Haltung, Pflege, Zucht

Zur großen Gruppe der Wildhühner gehören eine ganze Reihe von Arten, die aufgrund ihrer wunderbaren Färbung, ihrer außergewöhnlichen Erscheinung und nicht zuletzt auch wegen ihrer besonderen Verhaltensweisen einen festen Liebhaberkreis gefunden haben und gern in Menschenobhut gehalten werden. Bevor die verschiedenen Vertreter der Fasanen, Hokkos, Perlhühner und Pfauen sowie das Pfauentruthuhn im Einzelnen vorgestellt werden, finden Sie die wichtigsten Informationen zur richtigen Haltung, Pflege, Ernährung und auch Brut und Aufzucht dieser teilweise so exotisch anmutenden Vögel.

Anlage und Einrichtung von Gehegen für Wildhühner

Fast alle Hühnervögel lassen sich in Volieren und einige auch in Parkanlagen oder Gärten in Halbfreiheit halten und züchten. Doch ist eine solche Haltung immer mit Gefahren für die Vögel verbunden: Sie können entlaufen und entfliegen, werden von Hunden, Katzen und anderen Tieren bedroht, von Menschen gejagt oder gestohlen und so weiter. Dies kann durch die Haltung in Volieren vermieden werden. Doch müssen Anlage und Einrichtung dieser Gehege zweckmäßig sein, damit die Haltung und Zucht dieser Vögel erfolgreich ist.

In einer großzügigen Voliere können die Tiere ungestört ihr natürliches Verhalten zeigen.

Das Schutzhaus

Zunächst muss für die Vögel eine **Schutz-** oder **Unterkunftshütte** zur Verfügung stehen, die aus Holz – zweckmäßig aus isolierten Wänden – oder massivem Mauerwerk errichtet und für je ein Paar oder einen Stamm 2 bis 3 m tief, 2 bis 3 m breit und 2 bis 3 m hoch ist. Größere Arten verlangen natürlich größere Maße. So sollte eine Voliere für Pfauen zum Beispiel mindestens 2 bis 3 m Tiefe, 4 bis 5 m Breite und 3,5 m Höhe aufweisen.

Empfindliche Arten, die im Winter und an ungünstigen Tagen auch im Sommer längere Zeit eingesperrt bleiben müssen, benötigen aus diesem Grund auch dementsprechend größere Räume im Schutzhaus. Eine breite Tür und große, vergitterte Fenster aus Milchglas – um das Gegenfliegen zu verhindern – oder auch aus unzerbrechlichem Gitterglas, Plexiglas oder Ähnlichem, die zweckmäßig als Schiebefenster eingerichtet sind, sorgen für Licht und Luft. Türen und Fenster müssen dicht schließen, keine Zugluft aufkommen und kein Regen- oder Schmelzwasser eindringen lassen. Beide sind zweckmäßig nach Süden, Südwesten oder Südosten gerichtet. Bei sehr wetterharten und Kälte liebenden Arten wie Ohrfasanen, Glanzfasanen, Tragopanen oder Wallich-Fasanen kann die Tür, die in das vergitterte Gehege führt, ganz entfallen und einem offenen Ausgang Platz machen.

Luft und **Licht** sowie **Trockenheit** sind Hauptbedingungen für das Gedeihen aller Wildhühner. Für die genannten wetterharten Arten entfällt auch jede **Heizung**, während eine solche für viele Fasanen für den Winter doch geboten und für die tropischen Arten der Pfaufasanen, Bronzeschwanz-Pfaufasanen, Feuerrücken- und Weißschwanz-Glanzfasanen, Argus- und Rheinart-Fasanen, Cabot-Tragopan und andere unbedingt erforderlich und zum Gedeihen und zur Gesunderhaltung dieser wertvollen Tiere unerlässlich ist. In größeren Anlagen, in denen zahlreiche Einzelabteile gemeinsam in einem größeren Haus untergebracht sind, ist eine Zentralheizung sinnvoll. In kleinen Einzelschutzhütten sind elektrische Heizkörper oder kleinere Ölheizöfen zu empfehlen. Alle Öfen, Heizkörper und so weiter müssen immer von Drahtgittern umgeben sein, damit die Vögel sich nicht etwa darauf setzen oder zu dicht an sie heranrücken und Versengungen oder Verbrennungen erleiden. Während der Heizperiode empfiehlt es sich, vor allem bei Bewohnern der feuchtwarmen tropischen Wälder, wie Pfau- und Bronzeschwanz-Pfaufasanen, Feuerrückenfasanen, Weißschwanz-Glanzfasanen, Cabot-Tragopan und anderen, auf die Heizkörper Kannen oder Töpfe mit Wasser aufzustellen, das verdampft und für genügend Luftfeuchtigkeit im Raum sorgt. Denn diese Arten vertragen trockene Ofen- oder Heizungsluft schlecht.

Die **Sitzstangen** werden in der Stärke von 3 bis 5 cm und in einer Höhe von etwa 1,2 bis 1,5 m, bei sehr langschwänzigen Arten, Pfauen, Argus-, Rheinart- oder Kaiserfasanen auch 2 m hoch, angebracht, und zwar immer so weit von der Wand entfernt, dass der Schwanz des sitzenden Vogels auch beim Umwenden nicht an die Wand anstoßen und beschädigt werden kann. Zweckmäßig werden mehrere Stangen in verschiedenen Höhen angebracht.

Das **Dach**, das unten mit glatten Brettern oder Hartfaserplatten verschalt sein sollte, wird mit Ziegeln, geteerter Dachpappe, mit Blech oder anderen Baustoffen gedeckt.

Der **Boden** besteht aus einer glatt abgeriebenen, etwa 10 cm dicken Betonschicht. Die aus OSB-Platten, Nut-Feder-Brettern oder Mauerwerk bestehenden Wände ruhen zweckmäßig auf einem massiv gemauerten oder betonierten Fundamentsockel und werden innen mit Kalkmilch geweißelt, was nach Möglichkeit jährlich zweimal ausgeführt wird.

Für Wärme liebende Arten ist eine gute Isolierung des Schutzhauses unerlässlich. Der Abwehr von Mäusen und anderer „Untermieter" ist dabei besonderes Augenmerk zu widmen. Als wenig mäusefreundlich hat sich eine Isolierung aus mit Borsalz behandelten Altpapierflocken erwiesen.

Sehr zweckmäßig ist es, für jeden Stamm zwei **getrennte Unterkunftsräume** anzulegen, um notfalls die Geschlechter zu trennen, was bei unverträglichen Vögeln oft erforderlich ist, wie zum Beispiel beim Kupfer- oder Prälatfasan (siehe

In größeren Anlagen sollten die einzelnen Abteile mit ihren Außenbereichen in Reihen angeordnet sein, damit sie gut zugänglich sind.

Artenporträts!). Natürlich müssen dann auch zwei benachbarte trennbare Ausläufe vorgesehen werden, die sich an die Unterkunftsräume anschließen. Der Fußboden des Innenraumes wird mit reinem Sand, Hobelspänen oder Strohpellets bestreut.

In größeren Anlagen mit mehreren Einzelabteilen werden diese am besten in einer Reihe nebeneinander angeordnet und dahinter ein von den Abteilen durch Gitter abgeteilter Längsgang für den Pfleger angelegt, in dem sich auch die Heizkörper oder Öfen befinden können. Die Abteile selbst sind gegeneinander auch durch Gitter abgetrennt; doch muss an diesen Zwischengittern am Boden eine 0,6 bis 1 m hohe Sichtblende angebracht werden, damit sich die Vögel am Boden nicht gegenseitig sehen und durch ständiges Aneinander-Vorbeilaufen ununterbrochen erregen.

Bei empfindlichen, Wärme liebenden tropischen Arten wie zum Beispiel Pfau- oder Feuerrückenfasanen ist es zweckmäßig, an den Innenraum des Schutzhauses nach dem Auslauf noch einen weithin verglasten Vorraum, eine Art „Veranda“ als Aufenthaltsraum bei kaltem oder schlechtem Wetter, zu schaffen. Diesen können die Vögel dann vom Innenraum her aus aufsuchen, um Luft und Licht zu genießen, ohne in den für sie noch nicht benutzbaren Auslauf hinaus zu müssen.

Der Auslauf

Der Auslauf, also der für den Aufenthalt im Freien vorgesehene Raum des Geheges, sollte möglichst groß sein. Er sollte für die kleineren Arten der gewöhnlichen Fasanen etwa 20 bis 40 m^2 betragen. Meist wählt man eine längliche Form für den Auslauf, also 3 zu 10 m, 4 zu 8 m oder 5 zu 6 m und so weiter. Je größer der Auslauf, desto besser!

Die **Höhe** sollte möglichst die gleiche wie im Schutzhaus sein, um zu vermeiden, dass die Tiere beim etwaigen Einfliegen in das Haus gegen das darüber anstehende Gitter fliegen. An den Seiten, aber auch oben wird der Auslauf, um das Eindringen von Schädlingen zu verhindern, mit starkem, festem **Drahtgitter** von etwa 15 bis 20 mm Maschenweite und 1,4 bis 1,8 mm Drahtstärke umgeben, das zur besseren Durchsicht mit dunkler Farbe angestrichen werden kann.

Für die **Volierendecke** haben sich UV-beständige Kunststoffnetze, ebenfalls mit höchstens 2,5 cm Maschenweite, bewährt. Allerdings bietet das Netz keinen Schutz vor Mardern und Ratten.

Das **Gitter** wird zwischen starke Pfosten aus Hartholz, Beton oder Eisen (T-Träger oder Rohr) gespannt. An der Decke des Auslaufs darf das Gitter nicht zu stramm gespannt sein, sondern muss etwas schlaff und elastisch bleiben, um beim etwaigen Hochfliegen der Vögel nachzugeben und federnd den Anprall zu mildern und somit Verletzungen am Kopf zu verhindern.

Die Maße der Voliere müssen immer an die Größe der Tiere angepasst sein, damit sie sich frei bewegen können.

Das **Seitengitter** steht am besten auf einem gemauerten oder betonierten Sockel, der bis über 50 cm tief in den Boden hineinragen muss. Wenn kein Sockel angelegt wird, muss das Drahtgeflecht 20 cm tief in den Boden hinein verlegt und hier unter der Erde noch in einem rechten Winkel nach außen gebogen und in einer Breite von 50 bis 60 cm waagerecht ausgebreitet werden. Auf diese Weise wird das Eindringen wühlender Beutegreifer nach Möglichkeit verhindert. Auch bei Anlage eines Sockels kann diese Vorsichtsmaßnahme angewandt werden.

Längs der Innenseite des Gitters wird etwa 10 cm unterhalb der Sockeloberkante ein etwa 50 bis 60 cm breiter **Sandstreifen** angelegt. Dadurch wird verhindert, dass dort, wo die meisten Hühnervögel mit Vorliebe ständig entlanglaufen, ein bei Regenwetter stark verschlammender Laufpfad eingetreten wird. Ist der Sockel unten am Gitter entsprechend breit, so kann dessen Oberseite die Stelle des Laufpfades übernehmen.

Bei langschwänzigen Arten empfiehlt es sich, die Ecken der Umgitterung abzuschrägen, sodass hier statt eines rechten Winkels jeweils zwei Winkel von je 135 Grad entstehen, oder diese Winkel kreisbogenartig abzurunden, um das Anstoßen der langen Schwanzfedern beim Umwenden oder beim Um-die-Ecke-Laufen zu verhindern.

Viele Vögel wie dieser Helmhokko ziehen sich gern in eine dichte Bepflanzung zurück.

Der **Boden** des Auslaufs ist ausreichend mit Drainageröhren zu versehen, um stauende Nässe zu vermeiden. Volieren mit Grasnarbe bedürfen keines Erdwechsels, aber jährlicher Nachsaat, um eine geschlossene Grasdecke zu erhalten. Eventuelle Neuansaaten sind durch Drahtgitter zu schützen. Sandböden müssen von Zeit zu Zeit erneuert werden.

In das Innere des Auslaufs werden einige **Büsche** und **Sträucher** gepflanzt, jedoch nur in die Mitte des Geheges, sodass der meiste Platz frei bleibt. Geeignete Pflanzen hierfür sind Flieder, Rhododendron, Steinmispel, Felsenbirne und niedrig bleibende Nadelgehölze wie Latschenkiefer, Kugelfichte und so weiter, aber auch Wacholder oder verschiedene winterharte Bambusarten. Hier können sich die Vögel nach Bedarf verstecken. Giftige Pflanzen, wie zum Beispiel Eibe *(Taxus)* und Seidelbast, müssen natürlich fortbleiben. Auch Buchsbaum ist gefährlich, vor allem für Blatt fressende Arten wie zum Beispiel Tragopane.

Die heranwachsenden Büsche müssen immer auf etwa 50 cm unterhalb der Gitterdecke zurückgeschnitten werden; diese ist im Winter regelmäßig von der Schneelast zu befreien. Auch eine oder mehrere **Sitzstangen** werden in der Höhe von 1,2 bis 1,5 m, bei langschwänzigen Arten auch höher, aus berindeten, 3 bis 5 cm dicken Naturästen reckartig auf senkrechten Pfosten angebracht.

Die **Zwischengitter** zwischen den einzelnen Ausläufen erhalten unten wie im Schutzhaus 0,6 bis 1 m hohe Sichtblenden, um den Streitigkeiten zwischen den Nachbarn vorzubeugen. Bei Kälte liebenden Arten pflanzt man außerhalb des Geheges an der Südseite Schatten spendende Bäume, die möglichst auch das Schutzhaus beschatten und abkühlen.

Sehr zweckmäßig ist ein kleines, vorspringendes Dach über dem Eingang des Schutzhauses, unter dem die Vögel Schutz vor Regen und Sonne finden. Schutz vor Regen, praller Sonne und starkem Wind, aber auch vor Zugluft brauchen alle Arten, sowohl die aus den kühlen Höhen der Hochgebirge als auch die aus den feucht-heißen Tropenwäldern. Das Schutzhaus steht daher am besten an der Nordseite des Geheges, das sich südwärts dann daran anschließt.

Wo Beutegreifer zahlreich sind, sollte das Auslaufgitter doppelt gespannt sein, und zwar mit einem Abstand von etwa 7 bis 10 cm. Hilfreich ist außerdem die Installierung eines Weidezaungerätes, um unliebsame Gäste wie Marder, Fuchs oder Katze von den Volieren unserer Pfleglinge fernzuhalten. Alle Türen und Fenster müssen sowohl im Schutzhaus als auch im Auslauf fest und sicher schließen. Zweckmäßig ist außerdem überall die Anbringung von Riegeln und Haken, um auch bei vorübergehender Anwesenheit im Innern der Anlage die Möglichkeit zu haben, alle Ein- und Durchgänge auch von innen zu schließen.

Die Anlage von Selbsttränken sowohl im Innern des Schutzhauses als auch im Auslauf mindert den Arbeitsaufwand erheblich und bietet stets frisches, kühles **Trinkwasser**, hat aber auch ihre Nachteile, denn hier kann keine vorbeugende

Fühlen sich die Tiere in ihrem Auslauf wohl, zeigen sie auch wie dieser Prälatfasan das ganze Repertoire ihrer natürlichen Verhaltensweisen.

Entkeimung des Trinkwassers vorgenommen werden, die sicherheitshalber doch notwendig werden kann. Tragopane trinken häufig nicht aus den Wassergefäßen, sondern verschütten Wasser auf den Boden und nehmen dann den durchfeuchteten Sand auf. Auch das ist im Hinblick der Infektionsgefahr durch den leicht verschmutzenden Boden gefährlich. Daher sollte man diesen Vögeln feststehende Gefäße mit oben angebrachten Schutzgittern oder mit hineingelegten größeren, aber sauber gereinigten Steinen bieten, wodurch das Ausschütten des Wassers verhindert wird.

Brut und Aufzucht

Als Züchter und Liebhaber exotischer Hühnervögel haben wir die Hauptaufgabe, durch gezielte Reinzucht zur Arterhaltung der uns anvertrauten Geschöpfe beizutragen.

Durch die massive Lebensraumzerstörung in den Ursprungsländern infolge Abholzung, landwirtschaftlicher Nutzung und Urbanisierung kommt der Arterhaltung durch Zucht immer größere Bedeutung zu. Die international arbeitende „World Pheasant Association“ (WPA) betreut in über 40 Ländern der Erde Erhaltungszuchten verschiedenster Hühnervögel, Schutzprojekte in Ursprungshabitaten und Auswilderungsansiedlungen in ehemaligen Verbreitungsgebieten.

Ein drei Wochen altes Salvadori-Fasan-Küken.

Unter dem gemeinsamen Dach von WPA und IUCN (Weltnaturschutzunion) koordiniert eine Hühnervogel-Spezialistengruppe weltweit Forschungs- und Erhaltungsmaßnahmen für Hühnervögel in enger Zusammenarbeit mit Bird Life International und anderen Nichtregierungsorganisationen (NGOs).

Bedenkt man, dass viele Arten von Hühnervögeln nach dem „Washingtoner Artenschutzübereinkommen“ als bestandsgefährdet bzw. vom Aussterben bedroht eingestuft werden mussten, unterstreicht dies die Verantwortung der Züchter, den vorhandenen Bestand optimal zu pflegen und Nachzucht zu erzielen.

Aus allen bisher dargelegten Gründen ist ersichtlich, dass wir bemüht sein müssen, das gesamte Verhaltenspotenzial der uns anvertrauten Hühnervögel vollständig zu erhalten. Daher kommt der sogenannten Naturbrut mit nachfolgender Aufzucht im Familienverband besondere Bedeutung zu.

Naturbrut

Haben die vorhandenen Zuchtvolieren eine ausreichende Größe und sind sie mit einem verschließbaren Innenraum versehen, so haben wir für eine Naturbrut günstige Voraussetzungen geschaffen. Entsprechend der untergebrachten

Es ist einfach ein schöner Anblick, wenn eine Naturbrut wie bei diesem Grauen Pfaufasan möglich ist.

Art werden verschiedene Nistgelegenheiten (flache Holzkisten mit Maßen von 30 x 30 x 15 cm) oder kleinere Körbe in den Ecken oder an den Wänden des Innenraums angebracht und mit etwas Torfmull und einer Heuunterlage versehen. Eine Sichtblende aus Kiefernzweigen, Strohmatten und dergleichen gibt der Fasanenhenne das Gefühl der Geborgenheit und trägt wesentlich zum Erfolg der Brut bei.

Diese Nistgelegenheiten sollten bereits am Ende des Winters installiert sein. Dann werden sie von den meisten Arten problemlos angenommen. Bedingung für eine erfolgreiche Naturbrut ist, dass die Fasanenhenne mit Beginn des Brutgeschäftes den Innenraum für sich allein beanspruchen kann. Der Hahn und eventuelle weitere Hennen sind in der Außenvoliere abzusperren.

Dies hat den weiteren Vorteil, dass man nach dem Schlupf die Kükenschar ungestört mit entsprechendem Aufzuchtfutter im trockenen Innenraum versorgen kann. Schlechtwetterperioden können hier auf die empfindlichen Kleinküken nicht negativ einwirken, da der Innenraum in der Regel bei Bedarf auch noch mit einer Infrarotlampe zusätzlich erwärmt werden kann. Sind die Küken erst einmal 14 Tage alt, ist es bei den meisten Arten möglich, die Familie wieder zusammenzuführen. Nach eigenen Erfahrungen tolerieren die meisten Fasanenhähne ihren Nachwuchs, ja sie beteiligen sich sogar an der Betreuung der Jungen.

Hier ein Beispiel: Vor Jahren verendete eine Henne des weißen Ohrfasans *(Crossoptilon crossoptilon)* plötzlich, zwei Tage nachdem sie 15 Küken im Gebüsch der Außenvoliere erbrütet hatte. Der Hahn nahm sich sofort der Kleinküken an und huderte den Nachwuchs neben dem Nest der toten Gefährtin. Die weitere Aufzucht erfolgte problemlos und mustergültig.

Ammenbrut

Brütet die Fasanenhenne nicht selbst bzw. möchte man durch ein Zweitgelege die Anzahl der Jungtiere erhöhen, kann man verschiedene Zwerghuhnrassen als Ammenglucken verwenden. Rassen wie Zwerg-Brahma, Zwerg-Cochin, Seidenhühner, Chabo sowie deren Kreuzungen mit Zwerg-Wyandotten sind besonders beliebt. Grundvoraussetzung ist, dass der für die Ammenbrut vorgesehene Zwerghuhnstamm absolut gesund ist. Eine prophylaktische Wurmkur, die Bekämpfung von Ektoparasiten und eine jährliche Pullorum-Untersuchung sind hierbei die Mindestanforderungen. Denken Sie immer daran, dass die Ammen der gleichen Ordnung Hühnervögel angehören wie Ihr eigentlicher Ziergeflügelbestand und daher vielfältige Krankheitsübertragungen möglich sind.

Zwerghühner sind ideale Ammenglucken.

Der Brutraum der Ammen sollte ruhig und abgesondert vom übrigen Hühnerbestand sein. Kleine Holzkisten (30 x 30 x 15 cm) mit Torfmull oder Spänen und einer Heuauflage dienen als Brutnester. Abgedunkelt durch eine übergestülpte Obststeige nimmt die Glucke das Brutnest in der Regel bereitwillig an. Erst wenn diese ein bis zwei Tage auf Plastikeiern fest sitzt, gibt man das zu erbrütende Fasanengelege (vier bis zwölf Eier, je nach Eigröße) der Amme zur Brut. Der Brutverlauf ist täglich zu kontrollieren, um gegebenenfalls regulierend eingreifen zu können.

Kunstbrut

Die dritte und heute am meisten praktizierte Möglichkeit der Brut ist die Verwendung der auf dem Markt in vielen Varianten angebotenen Brutmaschinen. Hier findet der Liebhaberzüchter von wenigen Paaren entsprechend kleine Modelle und für größere Bestände und Fasanerien werden Motorbrüter mit allen technischen Raffinessen angeboten.

Eingebaute Kleincomputer gewährleisten eine elektronische Temperaturregelung mit 1/10 Grad Genauigkeit ebenso wie die programmierbare Wendehäufigkeit der eingelegten Bruteier. Befeuchtungsautomat und Hygrometer mit Digitalanzeige bieten zusammen mit Auskühltimer weiteren technischen Fortschritt.

Die Meinungen der Züchter gehen in den Fragen der Fütterung wie auch der Brut- und Aufzuchtmethoden weit auseinander. Auch hier gilt das Sprichwort: „Viele Wege führen nach Rom." Jeder Züchter muss einen individuellen Weg der Reproduktion des Tierbestandes entsprechend dem Zeitaufwand und den finanziellen Möglichkeiten, selbst wählen. Unbestritten hat die Kunstbrut viele Effektivitätsvorteile und veterinärhygienische Maßnahmen sind umfassender durchführbar. Gleichmäßige Jungtiergruppen erleichtern auch die Aufzucht.

Die Technik der Kunstbrut ist der entsprechenden Fachliteratur zu entnehmen (siehe Literaturverzeichnis) bzw. dem umfangreichen Prospektmaterial der Herstellerfirmen.

Als Grundregel ist die Bruttemperatur auf 37,2 bis 37,8 °C einzustellen. Die Luftfeuchtigkeit sollte etwa 45 bis 55 % betragen, während des Schlupfes ist sie auf 60 bis 65 % zu erhöhen.

In einem Brutschrank finden viele verschiedene Eier Platz, die genau mit Art und Datum beschriftet werden müssen.

Aufzucht

Ist der Schlupftermin erreicht, gibt es zwei Möglichkeiten bei der Brut unter der Amme. Entweder man lässt die Küken unter der Amme schlüpfen, um sie dann von dieser aufziehen zu lassen, oder man nimmt die schlupfbereiten Eier unter der Amme vor und lässt die Küken in einem Brutapparat zum Schlupf kommen.

Jetzt dauert es nicht mehr lange bis zum Schlupf.

Bleiben wir vorerst bei der ersten Variante. Hier ist darauf zu achten, dass die Küken vieler Fasanen und an-

Dieses zwei Wochen alte Lafayettehuhn wird in einer Kükenbatterie aufgezogen.

derer Wildhühner die Amme nicht als Ziehmutter akzeptieren, das Nest verlassen, sobald sie abgetrocknet sind, und daher verklammen können.

Bei der Brut und Aufzucht durch Ammenglucken ist besonders darauf zu achten, dass diese ruhig und zutraulich und vor allen Dingen nicht scharrwütig sind. Manche Ammen lassen durch ihr ständiges Scharren den Küken keine Ruhe oder scharren das gestreute Aufzuchtfutter immer wieder zu, sodass die Kleinen hungern; sie können auch durch die Scharrbewegungen die Küken selbst verletzen.

Sehr zweckmäßig ist die Unterbringung der ganzen Brutfamilie in einem zweiteiligen Aufzuchtkasten, der aus einem 60 x 80 cm großen Nestraum mit Bretterwänden, Holzboden und abnehmbarem Dach und einem vom Nestraum durch ein Stabgitter abgetrennten, 1 x 2 bis 3 m großen, rings und oben umgitterten Auslauf für die Küken besteht, die nach Belieben durch das Stabgitter zu der im Nestraum verbleibenden Glucke oder in den Auslauf gehen können. Die Höhe beider Räume braucht nicht mehr als 0,5 m zu betragen. Nachts wird die mit dem Stabgitter versehene Durchgangsöffnung durch ein festes Türchen verschlossen. Zweckmäßig ist es, wenn der ganze Aufzuchtkasten immer wieder auf der Grasnarbe verschoben werden kann, damit der Boden im Auslauf nicht allzu sehr verschmutzt und Anlass zu Erkrankungen gibt.

Die zweite Variante besteht nach dem Schlupf im Brutapparat in der künstlichen Aufzucht in üblichen Kükenbatterien. Die Beheizung erfolgt mit Elektroheizplatten. Als Bodenbelag dienen Papiertücher, die täglich gewechselt werden können. Flache Plastikschalen finden als Futter- und Trinkgefäße Verwendung. Eine künstliche Beleuchtung sorgt für einen 14-Stunden-Tag. Mit diesen gleichbleibenden Umweltbedingungen und einer ausgewogenen Fütterung gedeihen die Jungtiere allgemein prächtig.

Die Aufzuchtperiode wird in der eigenen Zuchtanlage in fünf Abschnitte unterteilt:

0–3 Wochen	*Unterbringung*	*in Aufzuchtbatterien mit Elektroheizung, Beleuchtung 14 Stunden*
	Fütterung	*100 % Küken- oder Putenstarterfutter mit Eierrahm und Brennnesseln*
3–7 Wochen	*Unterbringung*	*in Aufzuchtvolieren mit Infrarotstrahlern – zeitweiser Aufenthalt in Freivolieren mit Sandboden*
	Fütterung	*80 % Kükenfutter oder 50 % Putenstarter und 30 % Putenaufzucht sowie 20 % Getreideschrote mit Eierrahm und anderen Eiweißträgern und Grünfutter*
7–9 Wochen	*Unterbringung*	*wie zuvor*
	Fütterung	*80 % Kükenaufzuchtfutter oder 30 % Putenaufzucht und 50 % Putenmast I sowie 20 % Getreideschrote Buttermilch, Futterfleisch, Grünfutter*
9–16 Wochen	*Unterbringung*	*Aufzuchtvolieren mit Graswuchs*
	Fütterung	*50 % Kükenaufzuchtfutter oder Putenmast und 50 % Getreideschrote Buttermilch, Futterfleisch, Grünfutter*
über 16 Wochen		*allmähliche Umstellung auf die Fütterung der Alttiere*

Richtige Ernährung

Den unterschiedlichen Ernährungsbedürfnissen der Hühnervögel und den Jahreszeiten entsprechend trägt die Industrie durch Herstellung verschiedener Fertigfuttermischungen in Mehl- oder Pelletform Rechnung. Einige Züchter verwenden als Grundfutter aus Futterautomaten Pelletmischungen und verweisen dabei auf gute Zuchtergebnisse, während andere Züchter eine tägliche Portion Weichfutter verabreichen, um den Tieren eine möglichst abwechslungsreiche Kost bieten zu können. Jeder Tierpfleger muss entsprechend dem Zeitaufwand das für ihn mögliche Fütterungsregime seines Tierbestandes wählen. Auch hier gibt es verschiedene mögliche Vorgehensweisen.

Die wichtigste Voraussetzung für eine lange Zuchtfähigkeit unserer Schützlinge ist ein vielseitiges Futtergemisch von guter Qualität und richtiger Menge. Es muss allgemein gültig festgestellt werden, dass bestimmte Grundregeln der Fütterung absolut einzuhalten sind. Ein Einheitsfutter kann nicht verwendet werden, da die einzelnen Gattungen unterschiedliche Nahrungsansprüche stellen. Die meisten Arten sind Allesfresser, aber Tragopane, Koklass- und Blutfasanen benötigen in der täglichen Futterration einen hohen Grünfutter- und Obstanteil, während alle Pfaufasanenarten, Argus-Fasanen sowie Feuerrückenfasanen neben Obst einen höheren Eiweißanteil im täglichen Futter benötigen. Durch dauernde Verabreichung sehr nährstoffreichen Futters hat schon mancher Pfleger seine Fasanen gemästet und dadurch zu einem frühen Ende verurteilt. Man bedenke, dass unsere Pfleglinge in freier Wildbahn täglich viele Stunden mit der Futtersuche verbringen. Es sind stets mehrere Futtergefäße aufzustellen, damit die meist rangniederen Hennen ebenfalls die Möglichkeit haben, die entsprechende Futtermischung aufzunehmen.

Die Standardkörnermischung für die meisten Fasanen besteht aus Weizen, wenig Gerste, Hirse, Glanz und dergleichen. Hafer, mit seinem hohen Gehalt an Lezithin und Vitaminen, ist vor allem vor und während der Legeperiode in angekeimter Form von Bedeutung. Alle Maissorten mit ihrem hohen Gehalt leicht verdaulicher Kohlenhydrate wirken stark verfettend und sind daher nur sehr sparsam in den Wintermonaten zu verfüttern. Sonnenblumenkerne, Hanf und Erdnusskerne wirken ebenfalls verfettend und dürfen nur als Leckerbissen verabreicht werden. Für das tägliche Weichfutter können handelsübliche Mischfutter verwendet werden. Am besten geeignet ist eine Presskornmischung mit einem Rohproteingehalt von 18 bis 25 %.

Seit der BSE-Krise wurde kein tierisches Eiweiß mehr für Futtermittel verwendet. Der gesamte Proteingehalt basiert auf Sojaextraktionsschrot, dampferhitzt. Unsere Fasanen benötigen für eine vollwertige Ernährung auch die essenziellen Aminosäuren des tierischen Eiweiß. Zur Zuchtzeit wird daher die Futtermischung mit 5 % Hundewelpenpellets angereichert.

Entsprechend der Standardbestandteile dieser Fertigfuttermischungen:

- 70 bis 75 % Getreideschrot (Weizen, Mais, Gerste)
- 20 bis 25 % Sojaextraktionsschrot
- 2 bis 4 % Mineralstoffe
- 1 bis 2 % Wirkstoffmischung

können wir uns aus zur Verfügung stehenden Getreideschroten, einer Mineralstoffmischung und verschiedenen Eiweißträgern (Quark, Buttermilch, gekochte Eier und zerkleinerte Schlachtabfälle) sowie einem Zusatz von verschiedenen Gemüsen und Obst ein vollwertiges Weichfutter selbst herstellen. In der eigenen

Zuchtanlage wird das tägliche Weichfutter durch gekochten Reis und Erbsen ergänzt.

Während im Sommer vor allem Brennnesseln, Löwenzahn, Schafgarbe, Vogelmiere, Rotklee und Luzerne als Grünfutter gereicht werden, verwendet man im Winterhalbjahr zerkleinerte Möhren, Kohlrabi, rote Rüben, Chinakohl, Petersilie, Wirsing sowie Äpfel und Birnen.

Nahrungsspezialisten wie Tragopane und Koklassfasanen müssen diese Futterstoffe ganzjährig verabreicht bekommen. Sie erhalten außerdem je nach Jahreszeit verschiedene Beerensorten frisch oder konserviert.

Ein vollwertiges Weichfutter lässt sich leicht selbst herstellen.

Bei der Aufzucht unserer Fasanen ist grundsätzlich zu beachten, dass alle Fasanenküken von Natur aus in den ersten Lebenstagen ausgesprochene Insektenfresser sind und daher einen hohen Bedarf an tierischem Eiweiß haben. Das handelsübliche Kükenaufzuchtfutter ist für die Aufzucht von jungen Fasanen gut geeignet. Es sollte jedoch mit etwa 10 % tierischem Eiweiß angereichert werden.

Ideal ist die Anwendung des industriell hergestellten Ziergeflügelstarter- bzw. Putenstarterfutters mit folgenden Inhaltsstoffen:

- Sojaextraktionsschrot, dampferhitzt
- Mais- und Weizenschrot
- Pflanzenöle verschiedener Rezepturen
- Mineralstoffvormischung für Geflügel
- Wirkstoffvormischung

Beachten Sie, dass einige industrielle Hersteller dem Hühner-, Küken- und Putenaufzuchtfutter ein Coccidiostaticum beimischen. Dieses schützt unter optimalen Haltungsbedingungen als Alleinfutter den Jungtierbestand ausreichend vor dieser gefürchteten Aufzuchtkrankheit. Verwenden Sie wie vorab beschrieben diese industriellen Mischungen nur anteilig in der Futterration. Mit dem betreuenden Tierarzt sollte individuell abgestimmt werden, ob zusätzliche Vorbeugemaßnahmen erforderlich sind. Andererseits ist auch darauf zu achten, dass Medikamente enthaltenes Aufzuchtfutter von einigen Gattungen unserer Hühnervögel nicht vertragen wird. Besonders empfindlich reagieren Perlhuhn-Arten, verschiedene Feldhühner und Wachteln. Daher wird heute bei der Futtermittelindustrie ein universell einsetzbares Wildgeflügelstarterfutter ohne Medikamentenzusatz hergestellt.

Dieses kann pur, mit etwas Wasser feuchtkrümelig angerührt und mit gehackten Brennnesseln angereichert, verfüttert werden. Steht dieses Fertigfutter nicht zur Verfügung, muss analog der Inhaltsstoffe auf herkömmliche Futterstoffe umgestellt werden. Feingeschroteter Weizen eignet sich als Grundlage – vermischt mit Hirse – am besten. Als Eiweißträger stellt man sich einen Eierrahm her (ausgeschlagene Hühnereier verrührt mit Milch und etwas Grieß) im Wasserbad steif gekocht. Mehlwürmer werden zusätzlich als Leckerbissen verabreicht. Sind die kleinen Fasanen bereits 14 Tage alt, können Quark und gekochte zerkleinerte Schlachtabfälle (Innereien, Pansen usw.) dazugegeben werden. In den weiteren Aufzuchtperioden stellen Buttermilch und Magerquark gute Eiweißquellen dar. Grünfutter ist, wie bereits angegeben, für die gesamte Aufzuchtperiode von ausschlaggebender Bedeutung und täglich zu verabreichen. Werden unsere Pfleglinge vielseitig versorgt, erübrigt sich die Zugabe von künstlichen Vitaminpräparaten.

Rechtliche Voraussetzungen für die Haltung von Wildhühnern

Nicht alle Wildhühner dürfen ohne Genehmigung gehalten werden. Gesetzliche Regelungen gelten nach der aktuellen Fassung der EG-Verordnung 338/97, der EG-Vogelschutz-Richtlinie (V-RL) und der Bundesartenschutzverordnung (BArtSchV) für folgende Arten:

Anhang A der EG-VO Nr. 338/97
Blaulappen-Hokko *(Crax alberti)*
Blumenbach-Hokko *(Crax blumbenbachii)*
Grünschwanz-Glanzfasan *(Lophophorus lhusii)*
Weißschwanz-Glanzfasan *(Lophophorus sclateri)*
Kaiserfasan *(Lophura imperialis)*
Rheinart-Fasan *(Rheinardia ocellata)*
Blyth-Tragopan *(Tragopan blythii)*
Cabot-Tragopan *(Tragopan caboti)*
Hasting-Tragopan *(Tragopan melanocephalus)*

Für diese streng geschützten Arten gilt eine Melde-, Kennzeichnungs- und Nachweispflicht. Es gilt ein grundsätzliches Vermarktungsverbot, sodass zum Verkauf und Erwerb eine EG-Bescheinigung erforderlich ist. Die Kennzeichnung von Nachzuchten muss vorrangig durch geschlossene Ringe erfolgen. Für die

Ausfuhr von Tieren in Nicht-EU-Staaten wird eine Ausfuhrgenehmigung des Bundesamtes für Naturschutz benötigt.

Anhang A der EG-VO Nr. 338/97, aber Anhang X der EG-VO Nr. 865/2006 und Anlage 5 der BArtSchV

Wallich-Fasan *(Catreus wallichii)*
Weißer Ohrfasan *(Crossoptilon crossoptilon)*
Brauner Ohfasan *(Crossoptilon mantchuricum)*
Himalaja-Glanzfasan *(Lophophorus impejanus)*
Edwards-Fasan *(Lophura edwardsi)*
Swinhoe-Fasan *(Lophura swinhoii)*
Elliot-Fasan *(Syrmaticus ellioti)*
Hume-Fasan *(Syrmaticus humiae)*
Mikado-Fasan *(Syrmaticus mikado)*

Alle Nachzuchten dieser Arten sind von der Melde-, Kennzeichnungs- und Nachweis- und Dokumentenpflicht sowie von den Vermarktungsverboten ausgenommen. Es gelten nur die Ein- und Ausfuhrbestimmungen wie in der ersten Kategorie (siehe oben).

Anhang A der EG-VO Nr. 338/97, aber Anhang X der EG-VO Nr. 865/2006

Palawan-Pfaufasan *(Polyplectron emphanum)*

Nachzuchten dieser Art sind nur von der Dokumentenpflicht innerhalb der EU ausgenommen. Melde-, Kennzeichnungs- und Nachweispflicht sowie Ein- und Ausführbestimmungen gelten weiterhin als EG-Bescheinigungen und sind auch hier nur zum Beantragen einer Ausfuhrgenehmigung erforderlich.

Weitere Angaben zum Schutzstatus nach dem Washingtoner Artenschutzübereinkommen (WA) finden Sie bei den einzelnen Artenporträts.

Kräftige Vögel wie Hokkos – hier eine Knopfschnabelhokko-Henne – benötigen eine große, geräumige Voliere.

Viele Arten wie dieser Satyr-Tragopan fallen durch ihre außergewöhnliche Zeichnung auf.

Weiterhin gelten von Bundesland zu Bundesland zum Teil unterschiedliche Regelungen im Hinblick auf die Baugenehmigung von Volieren und Schutzhäusern sowie die Genehmigung von Tiergehegen im Allgemeinen. Dies betrifft in besonderem Maße kommerzielle Zuchtbetriebe. Hier müssen die Einzelheiten mit den dafür zuständigen Bau-, Umwelt- oder Unteren Landschaftsbehörden abgeklärt werden, bevor mit dem Bau und Betrieb einer solchen Anlage begonnen wird. Probleme bereiten nicht allzu selten auch die Lautäußerungen der Tiere, die unter Umständen den nachbarschaftlichen Frieden gefährden können und schon zahlreiche Gerichtsurteile heraufbeschworen haben. Auch hier wären nachbarschaftliche Absprachen – auch wenn sie letztlich nicht rechtsverbindlich sind – vor Beginn der Haltung dringend zu empfehlen.

Systematische Übersicht

Die in diesem Buch behandelten Wildhühner gehören innerhalb der Ordnung der Hühnervögel (Galliformes) drei verschiedenen Familien an: der Familie der Perlhühner (Numididae), der Familie der Hokkos (Cracidae) und der Familie der Fasanenartigen (Phasianidae). Dort werden die hier vorgestellten Gattungen wiederum verschiedenen Unterfamilien zugeordnet: Fasanen (Phasianinae), Kongopfauen (Afropavoninae), Pfauen (Pavoninae) und Tragopanen (Tragopaninae).

In einem der neueren Standardwerke über die Systematik der Hühnervögel von Alain Hennache werden allerdings die letzten drei hier aufgeführten Unterfamilien nicht mehr erwähnt, sondern alle betroffenen Gattungen werden der Unterfamilie der Fasanen zugeordnet. Diese Erkenntnisse beruhen auf neueren Ergebnissen von DNA-Analysen. Außerdem ordnet Hennache der Gattung *Lophura* noch vier Untergattungen zu, was in anderen Quellen nicht so zu finden ist.

Daher sorgt die Systematik dieser Hühnervögel häufig für Verwirrung, wenn man auch die anderen bisherigen Quellen über die systematische Anordnung zugrunde legt. Im Folgenden werden daher beide Varianten der systematischen Zuordnung erwähnt.

Familie: Fasanenartige (Phasianidae)

Unterfamilie: Fasanen (Phasianinae)

Gattung: Blutfasanen *(Ithaginis)*
Blutfasan *(Ithaginis cruentus)*

Gattung: Tragopane *(Tragopan)*
Hasting-Tragopan *(Tragopan melanocephalus)*
Satyr-Tragopan *(Tragopan satyra)*
Blyth-Tragopan *(Tragopan blythii)*
Temminck-Tragopan *(Tragopan temminckii)*
Cabot-Tragopan *(Tragopan caboti)*

Gattung: Koklassfasanen *(Pucrasia)*
Koklassfasan oder Schopffasan *(Pucrasia macrolopha)*

Gattung: Glanzfasanen *(Lophophorus)*
Himalaja-Glanzfasan *(Lophophorus impejanus)*
Weißschwanz-Glanzfasan *(Lophophorus sclateri)*
Grünschwanz-Glanzfasan *(Lophophorus lhuysii)*

Gattung: Kammhühner *(Gallus)*
Bankivahuhn *(Gallus gallus)*
Lafayettehuhn *(Gallus lafayetii)*
Sonnerathuhn *(Gallus sonneratii)*
Grünes Kammhuhn *(Gallus varius)*

Gattung: Hühnerfasanen *(Lophura)*

Siberfasanen (früher Untergattung *Gennaeus*)
Schwarzfasan *(Lophura leucomelana)*
Silberfasan *(Lophura nycthemera)*

Blaufasanen (früher Untergattung *Hierophasis*)
Kaiserfasan *(Lophura imperialis)*
Edwards-Fasan *(Lophura edwardsi)*
Swinhoe-Fasan *(Lophura swinhoii)*
Vietnam-Fasan *(Lophura hatinhensis)*

Salvadori-Fasan *(Lophura inornata)*

Feuerrückenfasanen (früher Untergattung *Euplocamus*)
Haubenloser Feuerrückenfasan *(Lophura erythrophthalma)*
Rotrückenfasan *(Lophura ignita)*
Prälatfasan *(Lophura diardi)*

Bulwer-Fasanen (früher Untergattung *Lobiophasis*)
Bulwer-Fasan *(Lophura bulweri)*

Gattung: Ohrfasanen *(Crossoptilon)*
Weißer Ohrfasan *(Crossoptilon crossoptilon)*
Tibetischer Ohrfasan *(Crossoptilon harmani)*
Blauer Ohrfasan *(Crossoptilon auritum)*
Brauner Ohrfasan *(Crossoptilon mantchuricum)*

Gattung: Wallich-Fasanen *(Catreus)*
Wallich-Fasan *(Catreus wallichii)*

Gattung: Langschwanzfasanen *(Syrmaticus)*
Königsfasan *(Syrmaticus reevesii)*
Sömmering- oder Kupferfasan *(Syrmaticus soemmerringii)*
Elliot-Fasan *(Syrmaticus ellioti)*
Hume-Fasan *(Syrmaticus humiae)*
Mikado-Fasan *(Syrmaticus mikado)*

Gattung: Edelfasanen *(Phasianus)*
Edelfasan *(Phasianus colchicus)*
Buntfasan *(Phasianus versicolor)*

Gattung: Kragenfasanen *(Chrysolophus)*
Goldfasan *(Chrysolophus pictus)*
Amherstfasan *(Chrysolophus amherstiae)*

Unterfamilie: Pfaufasanen (Argusianinae)

Gattung: Pfaufasanen *(Polyplectron)*
Bronzeschwanz-Pfaufasan *(Polyplectron chalcurum)*
Rothschild-Pfaufasan *(Polyplectron inopinatum)*
Brauner Pfaufasan *(Polyplectron germaini)*
Grauer Pfaufasan *(Polyplectron bicalcaratum)*
Hainan-Pfaufasan *(Polyplectron katsumatae)*
Malaiischer Pfaufasan *(Polyplectron malacense)*
Borneo-Pfaufasan *(Polyplectron schleiermacheri)*
Palawan-Pfaufasan *(Polyplectron emphanum)*

Gattung: Rheinart-Fasanen *(Rheinardia)*
Rheinart-Fasan *(Rheinardia ocellata)*

Gattung: Argus-Fasanen *(Argusianus)*
Großer Argus-Fasan *(Argusianus argus)*

Unterfamilie: Pfauen (Pavoninae)

Gattung: Pfauen *(Pavo)*
Blauer Pfau *(Pavo cristatus)*
Grüner oder Ährenträger-Pfau *(Pavo muticus)*

Unterfamilie: Kongopfauen (Afropavoninae)

Gattung: Kongopfauen *(Afropavo)*
Kongopfau *(Afropavo congensis)*

Unterfamilie: Truthühner (Meleagridinae)

Gattung: *Meleagris*
Truthuhn *(Meleagris gallopavo)*
Pfauentruthuhn *(Meleagris ocellata)*

Familie: Perlhühner (Numididae)

Gattung: Afrikanische Waldperlhühner *(Agelastes)*
Weißbrust-Perlhuhn *(Agelastes meleagrides)*
Schwarzes Perlhuhn *(Agelastes niger)*

Gattung: Helm-Perlhühner *(Numida)*
Helm-Perlhuhn *(Numida meleagris)*

Gattung: Hauben-Perlhühner *(Guttera)*
Schlichthauben-Perlhuhn *(Guttera plumifera)*
Kräuselhauben-Perlhuhn *(Guttera pucherani)*

Gattung: Geier-Perlhühner *(Acryllium)*
Geier-Perlhuhn *(Acryllium vulturinum)*

Familie: Hokkohühner (Cracidae)

Gattung: Tschatschalakas *(Ortalis)*
Rotschwanzguan *(Ortalis canicollis)*
Braunflügel-Tschatschalaka *(Ortalis vetula)*
Graukopf-Tschatschalaka *(Ortalis cinereiceps)*
Rotflügel-Tschatschalaka *(Ortalis garrula)*
Rotsteiß-Tschatschalaka *(Ortalis ruficauda)*
Rotkopf-Tschatschalaka *(Ortalis erythroptera)*
Graubrust-Tschatschalaka *(Ortalis policephala)*
Weißbauch-Tschatschalaka *(Ortalis leucogastra)*
Guayana-Tschatschalaka *(Ortalis motmot)*
Zwerg-Tschatschalaka *(Ortalis superciliaris)*
Flecken-Tschatschalaka *(Ortalis guttata)*

Gattung: Schakuhühner *(Penelope)*
Spixguan *(Penelope jaquacu)*
Weißstirnguan *(Penelope superciliaris)*
Andenguan *(Penelope montagni)*
Bandschwanzguan *(Penelope argyrotis)*
Bartguan *(Penelope barbata)*
Baudoguan *(Penelope ortoni)*
Rotgesichtguan *(Penelope dabbenei)*
Schwarzfußguan *(Penelope obscura)*
Caucaguan *(Penelope perspicax)*
Weißflügelguan *(Penelope albipennis)*
Rostbauchguan *(Penelope purpurascens)*
Schakukakaguan *(Penelope jacucaca)*
Rotbrustguan *(Penelope ochrogaster)*
Weißschopfguan *(Penelope pileata)*

Gattung: Schakutingas *(Pipile)*
Venezuela-Blaukehlguan *(Pipile cumanensis)*
Blaukehlguan *(Pipile pipile)*
Rotkehlguan *(Pipile cujubi)*
Schwarzstirnguan *(Pipile jacutinga)*

Gattung: Aburria *(Aburria)*
Aburria aburri

Gattung: Sichelflügelguans *(Chamaepetes)*
Mohrenguan *(Chamaepetes unicolor)*
Braunbach-Sichelflügelguan *(Chamaepetes goudotii)*

Gattung: Hochlandguans *(Penelopina)*
Hochlandguan *(Penelopina nigra)*

Gattung: Zapfenguans *(Oereophasis)*
Zapfenguan *(Oereophasis derbianus)*

Gattung: Rothokkos *(Nothocrax)*
Rothokko *(Nothocrax urumutum)*

Gattung: Mitus (Mitu)
Marcgrave-Mitu *(Mitu mitu)*
Salvin-Mitu *(Mitu salvini)*
Samt-Mitu *(Mitu tomentosa)*
Amazonas-Mitu *(Mitu tuberosa)*

Gattung: Helmhokkos *(Pauxi)*
Nördlicher Helmhokko *(Pauxi pauxi)*
Südlicher Helmhokko *(Pauxi unicornis)*

Gattung: Kräuselhaubenhokkos *(Crax)*
Knopfschnabelhokko *(Crax rubra)*
Blaulappenhokko *(Crax alberti)*
Estudillohokko *(Crax estudilloi)*
Sclaterhokko *(Crax fasciolata)*
Glattschnabelhokko *(Crax alector)*
Yarrellhokko *(Crax globulosa)*
Daubentonhokko *(Crax daubentoni)*
Blumenbachhokko *(Crax blumenbachii)*

DIE FASANENARTIGEN

Die Familie der Fasanenartigen (Phasianidae) stellt innerhalb der Hühnervögel mit Abstand die größte Artengruppe dar. Etwa 175 verschiedene Arten werden dieser Familie zugeordnet. Sie werden im Folgenden nach Unterfamilien aufgeteilt vorgestellt.

Unterfamilie Fasanen (Phasianinae)

Die Phasianinae stellen mit elf Gattungen die größte Gruppe der Fasanenartigen dar. Aufgrund ihrer prächtigen Farben und ihrer attraktiven Zeichnungen sind sie bei Liebhabern der exotischen Wildhühner häufig anzutreffen.

Blutfasanen *(Ithaginis)*

Die Blutfasanen sind eine monotypische Gattung. Sie sollen den Feld- und Steinhühnern in der Systematik sehr nahe stehen. So stimmen sie mit diesen in der Schwanzmauser überein. Dennoch gelten sie als eigene Gattung innerhalb der Fasanen.

Blutfasan *(Ithaginis cruentus)*

Schutzstatus nach WA: Anhang II/C1 EG B

Blutfasanen haben einen kurzen Schnabel, auf dem Kopf eine Federholle und im Gefieder blutrote und hellgrüne Färbungen, die sich von Farbstoffen ableiten, die nur bei ihnen und keiner anderen Vogelart vorkommen. Das macht sie so einzigartig und ist auch mit ein Grund dafür, dass sie einer monotypischen Gattung zugeordnet werden.

Sie sind Bewohner hoher Gebirge und halten sich dicht unter der Schneegrenze in Höhen von 4000 bis 5000 m auf, steigen im Winter aber auf etwa 3000 m hinab. Häufig halten sie sich unmittelbar auf dem Schnee oder in dessen Nähe auf. Sie bewohnen vor allem Nadelholz- und Rhododendrongehölze. Die Nahrung besteht aus allerlei Blattschösslingen, Blattknospen, Beeren, Moosen, Insekten, Würmern und auch verschiedenen Sämereien, die sie jedoch in der Gefangenschaft nur ungern annehmen. Sie sollen fast niemals trinken; andere Beobachter berichten, dass sie es aber doch tun, jedoch nur aus laufenden Gewässern.

In ihrem Wesen und ihren Bewegungen erinnern sie sehr an Rebhühner. Meistens laufen sie und entfliehen auch laufend den Verfolgern. Nur zum Niedersetzen zur Ruhe fliegen sie gelegentlich eine kurze Strecke. Sie halten sich in kleinen Gruppen von zehn bis 20 Tieren auf und leben in Einehe. Das Nest wird unter einem dichten Busch angelegt und mit etwa zehn länglich ovalen, schmalen, hellgelblichen Eiern belegt, die denen der Schopffasanen ähneln.

Wie viele Hochgebirgsvögel vertragen Blutfasanen die Haltung unter europäischen Klimabedingungen schlecht, doch ist es gelungen, in Europa kleine, noch keineswegs stabile Zuchtstämme zu akklimatisieren, aus denen man vielleicht später klimaresistentere Nachkommen gewinnen kann. Jeder Hahn wird nur mit einer Henne zusammen gehalten. Die Vögel werden überwiegend vegetarisch

Ein Blutfasan-Hahn (oben) und eine Blutfasan-Henne (unten) der Nominatform Ithaginis cruentus cruentus.

ernährt, wobei im Sommer vorwiegend verschiedene Gräser, Luzerne, Rotklee, Steinklee, Vogelmiere, Schafgarbe, Salat und verschiedene Beeren verabreicht werden; im Winterhalbjahr machen dagegen Möhren und Äpfel den Hauptanteil des Futters aus.

Die Aufzucht der Jungtiere ist prinzipiell denen der Schopffasanen gleichzustellen.

Unterschieden werden 13 Unterarten:

Die Nominatform ***Ithaginis cruentus cruentus*** lebt im Hochgebirge von Nepal, Sikkim und West-Bhutan. Sie ist oberseits grau mit weißen, zum Teil schwarz gesäumten Strichen, an Stirn und Kopfseiten schwarz, an der Kehle rot, an Kropf, Brust und Körperseiten grün mit einzelnen roten Flecken, an den Unterschwanzdecken blutrot mit gelblichen Federspitzen sowie mit blutroten Seitensäumen an den längsten Oberschwanzdecken und Schwanzfedern und hat eine hellbraune Haube mit grauer Spitze. Die Henne ist braun, fein schwarz gewellt und hat eine graue Haube.

I. c. tibetanus lebt in Ost-Bhutan und Südost-Tibet. Der Hahn sieht ähnlich aus wie der der Nominatform, hat aber rote und schwarze Augenbrauenfedern und eine aus zerschlissenen Federn bestehende Kopfholle.

I. c. kuseri von den Mischmi-Bergen in Ober-Assam hat schwarze und nicht wie bei den vorherig beschriebenen Unterarten schwarz-weiß gestrichelte Ohrdecken und schwarze Augenbrauen.

I. c. marionae aus dem Grenzgebiet von Burma und Yünnan und der Wasserscheide von Salween und Schweli hat ganz rote Augenbrauen, eine weiter ausgedehnte rote Brust, schwarze Ohrdecken, eine in der Mitte meist unterbrochene schwarze Kehlzeichnung und ist kleiner.

I. c. holoptilus aus dem Lichiang-Gebiet in Yünnan ist ähnlich, hat rote und schwarze Augenbrauen und schwarz-weiß gestreifte Ohrdecken.

In den Hofuping- und Litiping-Bergen am Mekong lebt ***I. c. rocki*** mit grünen mittleren Flügeldecken, sonst ist sie *I. c. tibetanus* ähnlich.

Im Lichiang-Gebiet in West-Yünnan lebt die sehr ähnliche, aber blassere Unterart ***I. c. clarkei***.

Die Unterart ***I. c. geoffroyi*** von Südost-Tibet bis West-Szetschuan hat eine graue Kehle und Oberbrust, gestreifte Ohrdecken und gar kein Rot am Kopf.

Sehr ähnlich, aber blasser mit braun und grün gefleckten mittleren Flügeldecken ist ***I. c. michaelis*** aus Nordwest-Kansu.

Dunkler und weniger grün verwaschen ist ***I. c. beicki*** aus Nord-Kansu.

Diesem ähnlich, aber mit noch weniger Grün oberseits und braunen Flügeldecken sowie breiten, weißen Schaftstrichen auf dem Mantel ist ***I. c. annae*** aus Nordwest-Szetschuan.

Ähnlich, aber weniger farbig, dunkel und verhältnismäßig klein ist ***I. c. berezowskii*** aus Süd-Kansu und Nord-Szetschuan.

I. c. sinensis aus den Tsinling-Bergen in Schensi ist dunkler mit schmalen, breit schwarz gesäumten weißen Schaftstrichen auf dem Rücken und lebhaft rotbraunen Flügeldecken.

Tragopane *(Tragopan)*

Ungemein eigenartig und interessant, aber auch farbenschön sind die Tragopane, auch Satyrhühner genannt. Hierbei handelt es sich um ziemlich große, stark und gedrungen gebaute Vögel mit kurzem, gerundetem Schwanz aus 18 Federn. Die Läufe sind nur beim Hahn mit kurzen Sporen bewehrt. Kehle und Kopfseiten sind

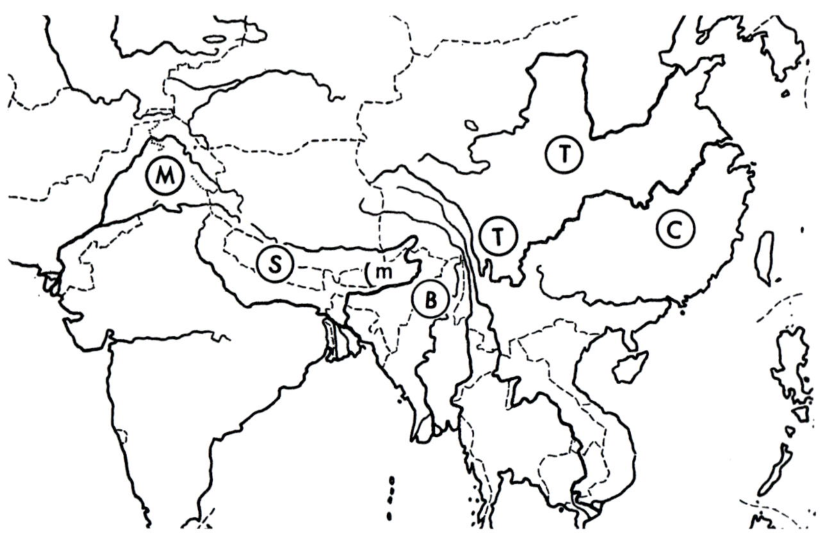

Verbreitung der Tragopane
M Hasting-Tragopan *(Tragopan melanocephalus)*
S Satyr-Tragopan *(Tragopan satyra)*
B Blyth-Tragopan *(Tragopan blythii blythii)*
m Bhutan-Tragopan *(Tragopan blythii molesworthi)*
T Temminck-Tragopan *(Tragopan temminckii)*
C Cabot-Tragopan *(Tragopan caboti)*

meist ganz nackt. Der Hahn hat an der Kehle dehnbare Hautlappen und am oberen Hinterkopf beidseits stab- oder stielförmige hörnerartige Schwellkörper, die gewöhnlich geschrumpft dem Kopf anliegen und zwischen den Federn verborgen sind. Bei Erregung, besonders in der Balz, werden sie hörnerartig aufgerichtet. Diese „Hörner", welcher der Vogel den Namen „Hornhuhn" verdankt, sowie die in der Balz ausgedehnten latzartigen Kehllappen sind lebhaft und bunt gefärbt.

Es gibt fünf Arten, die in den Hochgebirgen Mittelasiens beheimatet sind.

Hasting-Tragopan *(Tragopan melanocephalus)*

Schutzstatus nach WA: Anhang I EG A

Diese auch als Schwarzkopf-Tragopan bezeichnete Art lebt im nordwestlichen Himalaja von West-Kaschmir bis Garhwal.

Der Hahn ist an Oberkopf und hinteren Wangen schwarz, an Nacken, Genick und Halsseiten bräunlich rot, an der Kropfmitte zinnober- und an der Brust orangerot. Die übrige Unterseite ist schwarz, rot gefleckt und mit runden, weißen, schwarz umränderten Flecken besät. Rücken und Flügel sind hellbraungrau, fein schwarz gewellt und ebenfalls mit runden, weißen, schwarz umsäumten Flecken geziert.

Ein Satyr-Tragopan-Hahn (Tragopan satyra).

Die nackte Kehle ist hellblau, die nackten Kopfseiten sind rot. Der ausgedehnte Kehllatz ist in der Mitte purpurbläulich, am Rand gelblich rosa, wohin sich von der Mitte aus blaue Zacken hinziehen. Die Hörner sind leuchtend dunkelblauviolett.

Die Henne ist am Rücken rötlich braungrau, fein schwarz gewellt und hat hier und am Hals schwarze Flecken mit weißer Mitte. Unterseits ist sie grau und dunkelbraun gewellt und gestrichelt und hat an Brust und Bauch größere, weißliche Flecken. Sie ist allgemein grauer und undeutlicher gezeichnet als die Hennen der anderen Arten.

Der Hasting-Tragopan ist seit Beginn des letzten Jahrhunderts nicht mehr in den Volieren der Züchter zu finden. Auch hier ist die WPA bemüht, in Zusammenarbeit mit den Naturschutzbehörden Pakistans eine Volierenzucht aufzubauen. Zurzeit werden in den Volieren der Sarahan-Fasanerie in Pakistan einige Hasting-Tragopane gehalten.

Satyr-Tragopan *(Tragopan satyra)*

Schutzstatus nach WA: Anhang III

Die Heimat dieser Art schließt östlich an die der vorher beschriebenen Art an und reicht ostwärts bis Assam, nördlich des Brahmaputra und bis Darrang.

Der Hahn hat einen schwarzen Oberkopf mit zwei feuerroten, seitlichen Scheitelstreifen, einen feuerroten Hinterkopf und Hals und einen ebensolchen Unterkörper, Kropf und Vorderrücken. Diese Teile sind jedoch alle mit runden, weißen, schwarz umsäumten Flecken besät. Rücken und Flügel sind olivbraun mit schwarzer Wellung und ebenfalls mit weißen, schwarz geränderten Rundflecken. Die Kehle ist nackt. Augenring und Hörner sind blau. Der Kehllatz ist grünlich himmelblau, nach der Mitte hin viel dunkler, am Rand mit je einer Reihe dreieckiger scharlachroter Flecken.

Die Satyr-Tragopan-Henne ist wie bei den meisten Wildhühnern wesentlich unscheinbarer gefärbt als der Hahn.

Die Henne ist im Ganzen mehr rötlich braun, namentlich an Schwingen und Schwanz. An Kopf und Rücken zieht die dunkelbraune Färbung der etwas fleckigen Zeichnung ins Schwärzliche. Kropf, Rücken und Schultern haben rötliche, die Flanken große weiße Flecken. Brust und Bauch sind heller. Die Haut um das Auge ist bläulich.

Blyth-Tragopan *(Tragopan blythii)*

Schutzstatus: Anhang I EG A

Bei dieser Art gibt es neben der Nominatform ***Tragopan blythii blythii*** noch die Unterart ***Tragopan blythii molesworthi***.

Die Nominatform stammt aus den Gebirgen südlich des Brahmaputra von Katschar bis Nordwest-Burma.

Der Hahn hat orangegelbe, nackte Kopfseiten und Kehle; die hintere Kehle ist gelb und zum Teil bläulich, die Stirn, die hinteren Kopfseiten und die Umrandung der Kehle sind schwarz, während Hinterkopf und Hals feuerrot sind. Rücken und Flügel sind hellbraun mit größeren, braunroten Flecken und kleineren runden, weißen, schwarz umsäumten Augenflecken. Der Unterkörper ist hellbräunlich grau und mit dunkleren Federsäumen geschuppt. Der Kehllatz ist leuchtend gelb mit blauem Rand und blauer Maserung. Die Henne ist der vorigen Art ähnlich, aber etwas dunkler und schärfer gezeichnet, weniger rötlich, mehr olivbräunlich und hat oberseits lanzettförmige, gelbliche Schaftstriche und unterseits dunkelgraue, braune, rötliche und weißliche Flecken. Die Haut um das Auge ist gelblich.

In den Bergen von Südost-Tibet zwischen Bhutan und dem Brahmaputra in Höhen zwischen 2000 und 4000 m lebt die Unterart ***T. b. molesworthi***, die oberseits etwas dunkler ist mit größeren braunen und kleineren weißen Flecken sowie weniger ausgedehnter Rotfärbung am Unterhals und an der Brust.

Temminck-Tragopan *(Tragopan temminckii)*

Schutzstatus nach WA: frei

Der Temminck-Tragopan lebt in den Gebirgen von Südost-Tibet und Nordost-Assam ostwärts bis nach Nord-Yünnan, Szetschuan, Hupeh und Tonkin.

Der Hahn hat ein kobaltblaues, nacktes Gesicht und eine ebensolche Kehle. Stirn, hintere Kopfseiten und Umrandung der Kehle sind schwarz, Hinterkopf und Nacken feuerrot. Die ganze Oberseite ist dunkelrot mit gräulich weißen, schwarz umränderten Rundflecken, während die Federn des

Ein Blyth-Tragopan (Tragopan blythii).

ZUCHTPROJEKT

In der 11. Auflage dieses Buches hatte ich an dieser Stelle einen umfangreichen Zuchtbericht zu dem seltenen Blyth-Tragopan verfasst. Leider müssen wir heute feststellen, dass dieses Zuchtprojekt der WPA fast gescheitert ist. Es war über die Jahre nicht möglich, einen produktiven Zuchtbestand in Europa aufzubauen.

Als sozusagen letzter Versuch wurden die restlichen Tiere – es waren weniger als zehn Stück – in einer Zuchtanlage der Niederlande untergebracht. Leider übersteigt die Mortalitätsrate der Alttiere die Nachzucht. Es bleibt zu hoffen, dass mit einer Blutauffrischung aus dem Ursprungsland der europäische Restbestand stabilisiert werden kann.

Eine Temminck-Tragopan-Henne.

Due Geschlechter sind beim Temminck-Tragopan (Tragopan temminckii) deutlich zu unterscheiden.

Unterkörpers silbergrau mit feuerroten Säumen schuppenartig umrandet sind. Der Kehllatz ist leuchtend blau, im mittleren Feld mit weißlich blauen Rundflecken übersät und an den beiden Seiten mit je sechs bis acht scharlachroten, pfeilförmigen Flecken geziert.

Die Henne ist oberseits gröber gezeichnet als die Hennen der anderen Arten und hat hier sowie am Hals und Kropf helle, pfeilförmige und unterseits größere, weiße, vielfach dunkel gesäumte, länglich runde Schaftflecken, die an den Bauchseiten größer sind und stärker hervortreten. Die Haut um das Auge ist bläulich.

Cabot-Tragopan *(Tragopan caboti)*

Schutzstatus nach WA: Anhang 1 EG A

Der Chinesische oder Cabot-Tragopan stammt aus den Bergen von Fokien und Kwangtung in Südost-China.

Der Hahn ist an den nackten Teilen des Kopfes und der Kehle orangegelb und hat einen schwarzen Oberkopf, schwarze, hintere Kopfseiten und Umrandung der Kehle und des Nackens, wogegen Hinterkopf, Nacken und Halsseiten rot sind. Rücken und Flügel sind rotbraun mit hellbraunen, schwarz umsäumten Flecken. Der Unterkörper ist hellgelbbraun mit schmalen, rotbraunen bis schwarzen länglichen Streifenflecken an den Körperseiten. Die Hörner sind blassblau, der Latz ist in gedehntem Zustand in der Mitte orangerot mit purpurblauen Flecken, an den Rändern kobaltblau mit beidseits neun großen, blassgrünlich grauen Keilflecken.

Die Henne ist grauer als die anderen Tragopanhennen, die hellen Abzeichen von länglich dreieckiger Gestalt auf der Oberseite sind weiß, nicht blassbräunlich gelb wie bei den anderen. Die hellen Kopffedern sind dunkel gesäumt und an Brust und Bauch sind dunkle sowie größere weißliche, längliche Flecke vorhanden. Die Haut über dem Auge ist gelblich.

Der Cabot-Tragopan (Tragopan caboti) stellt hohe Ansprüche an die Haltung.

Neben der Nominatform ***Tragopan caboti caboti*** wurde erst 1979 die Unterart ***Tragopan caboti guangxiensis*** beschrieben. Sie stammt aus Gongcheng (autonomes Guangxi-Zhuang-Gebiet in der Volksrepublik China).

Cabot-Tragopane müssen zu den Seltenheiten gezählt werden. Besonderes Augenmerk sollten alle Züchter auf Artenreinheit der gehaltenen Tragopane richten, da gerade bei dieser Gattung eine größere Anzahl Bastarde im Umlauf ist.

Die Tragopane bewohnen als Gebirgstiere Höhen von 1000 bis 4000 m und halten sich in kalten, feuchten Wäldern auf, wo sie sich von Blattknospen und Blättern der Bäume, Beeren, besonders der Steinmispel *Cotoneaster* und anderen Sämereien und Insekten ernähren.

Sie sind mehr als alle anderen verwandten Hühnervögel richtige Baumvögel, halten sich sehr viel in den Ästen der Baumkronen auf und äsen hier auch. Daher erinnern sie an Auer- und Birkhühner und weichen von den Fasanen deutlich ab, mit denen sie gar nicht näher verwandt sind, da sie auch in der Art der Schwanzmauser deutlich von diesen abweichen. Diesbezüglich gleichen sie eher den Feld- und Steinhühnern, Frankolinen und Wachteln, bei denen die Mauser beim mittleren Federpaar beginnt und nach außen fortschreitet.

Als ausgesprochene Baumvögel brüten die Tragopane auch meist in den Baumkronen und benutzen oft verlassene Rabennester. Die Henne erbaut und kleidet das Nest mit Zweigen, Blättern und Moos aus. Die Vögel leben einsiedlerisch, sehr scheu und vorsichtig und sind sehr ortstreu. Sie verstecken sich geschickt in ihren Schlupfwinkeln im Wald und auf den Bäumen.

Als Schreck- und Warnruf lassen sie ein schnell wiederholtes „quäck“ hören, auch ein trillerndes „baa baa baa“ wird vernommen. Der weit tönende laute Revierruf klingt wie „way waah-oo-ah-oo-aaaah“. Bei der Balz werden die beiden Fleischhörner, die sonst geschrumpft und unsichtbar sind, auf 5 bis 7 cm verlängert und aufgerichtet, und der sonst ebenfalls geschrumpfte, unter der Kehle zusammengeknitterte Latz wird wie ein etwa 10 bis 15 cm langes und 5 bis 8 cm breites, in den buntesten Farben prangendes Seidentuch über der Brust ausgebreitet.

Mit steifen Schritten umgeht der Hahn die Henne, lässt den ihr zugekehrten Flügel herabhängen und spreizt die Schwingen. Die Schulter der anderen Seite wird bei glatt anliegendem Körpergefieder angehoben. Es ist also zunächst eine typische Seitenbalz. Plötzlich beginnt der Hahn, die Schwingen teilweise spreizend, schnell zu laufen, wobei sich die Hörner und der Latz manchmal bereits ausdehnen. Dann hält der Vogel ebenso plötzlich an, sträubt das Gefieder der Unterseite und bewegt die halb geöffneten Flügel langsam auf und ab. Kopf und Hals werden krampfartig geschüttelt, bis die Hörner in ihrer ganzen Länge aufgerichtet sind und der Hautlatz unter der Kehle voll ausgebreitet ist. Ausdehnung und spätere Zurückbildung dieser Gebilde erfolgen erstaunlich leicht und schnell. Der Übergang von der Seitenbalz zur Frontalbalz ist für die Tragopane besonders kennzeichnend. Offenbar leben die Tragopane alle in strenger Einehe.

Die typische Zeichnung eines Cabot-Tragopan-Hahns.

In der Haltung stellen sie höhere Ansprüche an den Pfleger. Sie werden zahm und zutraulich. Als Bewohner hoher Gebirge sind sie mit Ausnahme vom Cabot-Tragopan gegen Kälte unempfindlich, müssen jedoch vor Sommerhitze geschützt werden. Sie brauchen nur eine hohe, nach Südosten offene Schutzhütte, in der sie vor starkem Sonnenschein, aber auch vor Wind, Regen und Schnee Schutz finden.

Sitzstangen in der Hütte dienen als Ruheplatz in der Nacht. Der Auslauf muss weitläufig, mindestens 40 bis 60 m² groß und mit einem Sandstreifen längs des Gitters und gut drainiertem Boden versehen sein, da die Vögel auf feuchtem Boden leiden. Er muss auch mit Büschen reich bepflanzt sein, wobei aber giftige Arten wie Eibe, Seidelbast und vorsichtshalber auch Buchsbaum fortzulassen sind, da die Tragopane als Blatt- und Beerenfresser sonst leicht zu Schaden kommen.

In kleineren Ausläufen leben die Tragopane nicht lange, wenn sie auch hier und da in solchen sogar erfolgreich gebrütet haben. Meist erliegen sie einem Schlaganfall oder Herzschlag. Obwohl sie in der Freiheit in Einehe leben, gibt man häufig dem Hahn zwei oder gar drei Hennen. Voraussetzung dafür sind jedoch sehr große, gut bepflanzte Volieren, weil die Weibchen sonst miteinander kämpfen.

Die Haltung von Tragopanen ist nur erfahrenen Pflegern zu empfehlen. Als Futter werden ein Obst-Beeren-Gemisch und reichlich Grünpflanzen (Grassorten, Löwenzahn, Vogelmiere, Schafgarbe, Brennnessel, Luzerne, Rotklee, Steinklee usw.) gegeben. Als Grundfutter werden Puten- oder Fasanen-Pellets bzw. Mehl feuchtkrümelig mit Obst gemischt, auch zerkleinerte Möhren und Äpfel sind für das Winterhalbjahr beliebte Futterstoffe. Eine reine Körnerfütterung ist möglich, aber grundsätzlich abzulehnen, da durch diese kohlenhydratreiche Kost Tragopane schnell verfetten und nur eine kurze Lebenserwartung haben.

Für die Brut werden Nistgelegenheiten (Körbe oder Holzkisten) mit Laub- und Heuunterlage in Augenhöhe an der Schutzzaunwand angebracht. Die drei bis sechs gelblichen, bräunlich getupften Eier werden in 28 Tagen erbrütet. Die Tragopanhennen brüten zuverlässig und sind gute Mütter. Die Küken schlüpfen mit gut entwickelten Flügelchen und übernachten schon in den ersten Lebenstagen im Geäst unter der Mutter. Bei künstlicher Aufzucht ist daher frühzeitig für Aufbaummöglichkeiten in der Aufzuchtbox zu sorgen, um Zehenverkrümmungen vorzubeugen.

Tragopanküken entwickeln sich anfangs langsamer als Küken anderer Fasanenarten und sollten daher stets separat aufgezogen werden. Ein gehaltvolles, abwechslungsreiches Aufzuchtfutter ist erforderlich. Reichliche Grünfuttergaben fördern die artgerechte Entwicklung der Jungtiere und beugen Federfressen vor.

Zurzeit sind Satyr- und Temminck-Tragopane ausreichend in den Volieren der Züchter und zoologischen Einrichtungen anzutreffen.

Die Unterbringung erfolgt bei mir für alle Tragopanarten in den ersten 14 Lebenstagen in Aufzuchtboxen von 1 m Länge, 60 cm Breite und 40 cm Höhe auf Windelunterlage und mit einer 50-Watt-Elektro-Wärmeglucke als Unterschlupf und Wärmequelle sowie künstlicher Beleuchtung von 6:00 bis 22:00 Uhr. Das Erstlingsfutter besteht aus Putenstarter feuchtkrümelig mit Eierstich und geriebenem Apfel, dreimal täglich.

Als Futteranreiz erhalten die Kleinen einige Mehlwürmer. Grünfutter in Form von klein geschnittenem Löwenzahn, Rotklee und Brennnessel wird bereits ab dem 2. Lebenstag angeboten und in der Regel sofort angenommen.

Im Alter von zehn bis 14 Tagen kommen die kleinen Tragopane in Gruppen von drei bis sechs Tieren in Aufzuchtvolieren von 2 bis 3 m^2 auf Sandboden mit Elektro-Wärmeglucke und verschiedenen Ästen zum Aufbaumen. Bei trockenem Wetter können sie dann bereits tagsüber in die angrenzende 6 bis 8 m^2 große Freivoliere.

Im Alter von sechs Wochen wird der Anteil des Putenstarterfutters auf 50 % der Ration reduziert, 50 % Junghennenmehl zugemischt und alles mit Obst, Gemüse und Grünfutter feuchtkrümelig zweimal täglich verabreicht.

Im Alter von sechs bis acht Wochen kommen die Jungvögel – sie sind dann bereits voll befiedert – in größere Aufzuchtvolieren (20 bis 40 m^2) mit natürlichem Pflanzenbewuchs.

Koklassfasanen oder Schopffasanen *(Pucrasia)*

Die Gattung der Koklassfasanen besteht aus einer Art mit zehn Unterarten, die sich gegenseitig geografisch vertreten.

Koklassfasan oder Schopffasan *(Pucrasia macrolopha)*

Das Gefieder beider Geschlechter besteht aus lanzettförmigen Federn. Der 16-fedrige Schwanz ist keilförmig und so lang wie der Flügel. Die Läufe sind beim Hahn gespornt. Dieser hat verlängerte Haubenfedern, deren mittlere auch in der Balz dem Scheitel angelegt bleiben, während die seitlichen, beiderseits hinter den Ohrdecken tiefer am Kopf angebrachten bei Erregung, vor allem in der Balz, aufwärts und etwas vorgestellt werden und wie zwei Hörner emporragen. Die kürzere Haube der Henne hat keine verlängerten Seitenfedern.

Die Koklassfasanen sind Hochgebirgsvögel, die im Himalaja von Afghanistan bis Zentral-Nepal und von Nordost-Tibet bis Ost- und Nord-China die Waldungen in Höhen von 1300 m aufwärts bis zur Baumgrenze in etwa 5000 m bewohnen. Je nach Jahreszeit steigen sie bald höher hinauf, bald tiefer, in China bis etwa 700 m, hinab. Sie lieben steppenartige Hänge mit felsigem, zerrissenem Boden, überhängenden Felsterrassen, eingesprengten Nadel- und Laubbaumgruppen und kommen zum Teil auch in Bambusdickichten vor. Sehr scheu und vorsichtig treten sie nicht in größeren Verbänden auf, leben in Einehe und die Paare bleiben das ganze Jahr zusammen. Nur im Winter schlagen sie sich zu kleinen, aus Eltern und Kindern bestehenden Gruppen zusammen, die bis zum Frühling bestehen, wenn sich die Paare absondern.

Der Hahn ruft „ah kroak kroak kroak“, die letzte Silbe nur leise ertönend. Der Warnruf klingt wie „kuk kuk kuk kuk-kok kok kok, ka-ka-ka“ oder auch „kok kok kok pokrass“, die letzte Silbe an den Namen des Vogels „Koklass“ oder „Pukras“ (daher *Pucrasia*) erinnernd. Auch ein leises, an die Stimme des Kolkraben erinnerndes Krächzen wird gehört.

Der balzende Hahn schreitet mit gesträubten Körperfedern, die langen, schwarzen Seitenfedern der Haube senkrecht aufrichtend, steif umher. Die braune Haubenmitte wird nur etwas angehoben. Die Henne brütet in Höhen von 1500 bis 4000 m am Boden. Die vier bis neun ovalen Eier sind glänzend rahmgelb mit dunkelrötlichen bis schokoladenbraunen Flecken und Punkten. Nach einem Jahr sind die Jungen erwachsen.

Typisch für den Koklassfasan (Pucrasia macrolopha) sind die lanzettförmigen Federn.

Zur Nacht baumen die Koklassfasanen hoch in Bäumen auf. Ihr Flug ist schnell und kräftig. Die Nahrung besteht überwiegend aus Gras, das sie wie Gänse abweiden. Zur Haltung sind geräumige grasbewachsene Ausläufe notwendig. Als Trockenhochlandbewohner sind alle Koklassfasanen sehr empfindlich gegen hohe Luftfeuchtigkeit und nasse Volierenböden. In Mitteleuropa sind sie aber vollständig winterhart.

Das Futter sollte fast ausschließlich aus Grünfutter und Obst (Grassorten, Luzerne, Rotklee, Brennnessel, zerkleinerten Möhren, verschiedenen Beeren, Kirschen und Äpfeln) bestehen. Zur Zucht erhält jeder Hahn nur eine Henne. Die Jungvögel sind sehr frohwüchsig, aber nässeempfindlich. Das adulte Gefieder und die Zuchtfähigkeit erreichen sie im ersten Lebensjahr. Es wurden bereits mehrere Unterarten nach Europa importiert und mit wechselndem Erfolg gezüchtet.

Die Nominatform ***Pucrasia macrolopha macrolopha*** lebt im West-Himalaja von Kaschmir bis Kumaon und wird auch Kaschmir-Koklassfasan genannt.

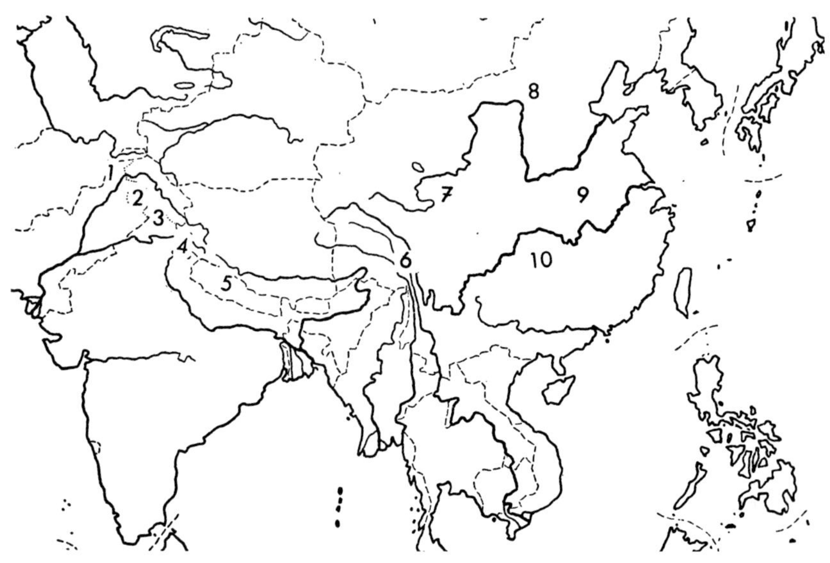

Verbreitung der Unterarten des Koklassfasans *(Pucrasia macrolopha)*

1 *P. m. castanea*	6 *P. m. meyeri*
2 *P. m. biddulphi*	7 *P. m. ruficollis*
3 *P. m. bethelae*	8 *P. m. xanthospilla*
4 *P. m. macrolopha*	9 *P. m. joretiana*
5 *P. m. nipalensis*	10 *P. m. darwini*

Der Hahn ist an Kopf und Nacken metallisch schimmernd schwarzgrün, die langen seitlichen Haubenfedern sind ebenfalls schwarzgrün, die mittleren gelbbraun. Beidseits unter dem Ohr befindet sich ein sehr großer, weißer Fleck, der einen Teil eines unterbrochenen Halsringes andeutet. Die Körperfedern haben schwarze Mittelstreifen und rotbraune Schäfte. Flügel und Unterseite sind gelblich braun, Mitte des Unterhalses und des Unterkörpers kastanienbraun, die äußeren Schwanzfedern rotbraun mit schwarzer Binde vor dem weißen Endsaum.

Die Henne ist an Kinn, Wangen und Kehle hellgrau-weiß, auf dem Rücken dunkelbraun mit gelbbrauner Sprenkelung und erinnert in Färbung und Zeichnung stark und deutlich an die Henne des Glanzfasans *(Lophophorus)*.

Westlich von der Nominatform lebt die Unterart ***P. m. bethelae*** im Kulu-Tal, in Nord-Kaschmi.

Östlich von Ladak finet man die Unterart ***P. m. biddulphi***. Im Gebirge von Tschitral, Kafiristan und Afghanistan findet man ***P. m. castanea***. Im Osten schließt sich an die zuerst Nominatform in West-Nepal ***P. m. nipalensis*** an.

Die Nominatform des Koklassfasans.

Viel weiter östlich lebt im äußersten Südost-Tibet und West-Yünnan ***P. m. meyeri***, nordöstlich von dieser in den Bergen von Kansu und West-Schensi ***P. m. ruficollis*** und noch weiter im Nordosten in den Bergen der Südost-Mongolei und Nord-Tschili der GelbhalsKoklassfasan ***P. m. xanthospilla***, der sich von der Nominatform hauptsächlich durch ein rostgelbes Nackenband, graue äußere Schwanzfedern mit schwarzen Außensäumen und mit schwarzer Binde vor der weißen Spitze unterscheidet.

Viel weiter südlich in den Bergen Ost-Chinas in Hupeh, Tschekiang und Fokien lebt der Darwin-Koklassasan ***P. m. darwini***, bei dem der Hahn auf den Rückenfedern statt zwei schwarzen Mittelstreifen deren vier hat, die zusammen Winkelstriche bilden. Die äußeren Schwanzfedern sind grau mit schwarzer Binde vor der weißen Spitze. Die rostgelbe Nackenbinde der vorigen Unterart fehlt hier. Nördlich von dieser Unterart lebt in den Bergen von Südwest-Anhwei ***P. m. joretiana***, die den beiden Letztgenannten ähnelt.

Von allen Unterarten sind nur *P. m. macrolopha* und *P. m. nipalensis* ab und zu in unsere Tiergärten oder Volieren der Liebhaber vertreten und sind hier mit wechselndem Erfolg gepflegt und auch gezüchtet worden.

Glanzfasanen *(Lophophorus)*

Schutzstatus nach WA: alle Arten Anhang 1 EG A

Die Glanzfasanen gehören im männlichen Geschlecht zu den schönsten Erscheinungen der ganzen Vogelwelt und werden daher gern in den Fasanerien gehalten. Als ausgesprochene Hochgebirgsvögel, die weit über den Himalaja von Ost-Afghanistan bis in die hohen Gebirge West-Chinas verbreitet sind, halten sie sich in Höhen von 2000 bis 5000 m in der Region der Baumgrenze, im Winter auch niedriger in etwa 1500 m Höhe auf und steigen je nach Jahreszeit bald höher hinauf, bald tiefer abwärts. Nur der Weißschwanz-Glanzfasan steigt im Winter auch tiefer bis in die tropischen Bambusdickichte Burmas und Yünnans hinab.

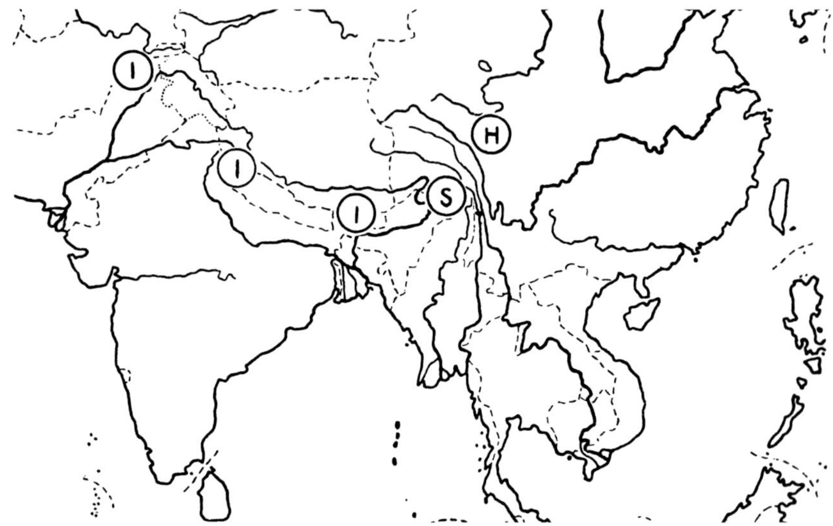

Verbreitung der Glanzfasanen
I Himalaja-Glanzfasan *(Lophophorus impejanus)*
S Weißschwanz-Glanzfasan *(Lophophorus sclateri)*
H Grünschwanz-Glanzfasan *(Lophophorus lhuysii)*

Sie lieben dichte Nadelwälder sowie solche mit Eichen und Birken, die mit Rhododendronbüschen untermischt und von offenen Grasflächen unterbrochen sind. Eigentümlich ruckartig schreitend suchen sie am und im Boden ihre Nahrung, die in der Hauptsache aus Wurzeln, Knollen, Zwiebeln, Knospen, Beeren, Samen, jungen Schossen und auch Insekten und deren Larven besteht. Mit dem ziemlich langen, starken, hakig gebogenen Schnabel graben und wühlen die Vögel den Erdboden um, während sie im Gegensatz zu den meisten anderen Hühnervögeln mit den Füßen niemals am Boden scharren. Sie sind wetterharte und kältefeste Vögel, die unter Frost und Schnee nicht leiden, jedoch Hitze und auch anhaltende Feuchtigkeit nicht vertragen.

Während sie im Winter in kleinen Herden leben, steigen im Frühjahr beide Geschlechter in höhere Brutregionen hinauf. Es wird angenommen, dass alle Glanzfasanen in freier Wildbahn in Einehe, also monogam leben. Die Balz ist sowohl seitlich als auch frontal. Der Hahn nähert sich mit steif tastenden Schritten der Henne, beschreibt um sie weite Kreise, senkt den nach innen zugewandten Flügel so weit, dass Füße und Läufe ganz verdeckt werden. Dann streckt er den Hals aus, neigt den Schnabel abwärts und drückt ihn an den Hals. Der Federschopf wird aufgerichtet und zitternd bewegt. Beide Vögel picken in der Erregung nervös am Boden herum. Dann nimmt der Hahn eine frontale Haltung ein, richtet den Schwanz auf und breitet ihn aus. Den Kopf und Schnabel zu Boden gesenkt und die Flügel ausgebreitet, schreitet der Hahn, sich verbeugend, rhythmisch vor- und rückwärts.

Das Nest wird unter überhängenden Felsen, an Baumstämmen und Ähnlichem errichtet. Die vier bis acht großen, elliptischen und hartschaligen Eier sind rahmweiß, mit rötlich braunen Punkten dicht befleckt wie die Truthuhneier.

Die laute Stimme beider Geschlechter ist manchmal etwas schrill, klingt klagend, und der Ruf endet mit einem höheren, verlängerten Pfiff, der an den des Brachvogels erinnert. Im Sommer vereinigen sich die Vögel zu losen, gemischten Verbänden, im Herbst schlagen sich die Hähne allein zusammen und lassen die Hennen und Junghähne für sich.

Ein gelbschwänziger Himalaja-Glanzfasan (Lophophorus impejanus).

Himalaja-Glanzfasan *(Lophophorus impejanus)*

Diese bekannteste der drei Arten kommt im Himalaja von Ost-Afghanistan bis zu den Mischmi-Bergen vor.

Der Hahn hat auf dem Scheitel ein Büschel erzgrün schillernder, kahlschäftiger Federn und an der Spitze eine blattförmige Fahne tragender Federn. Der Kopf ist wie die Halsseiten erzgrün, diese und der Hinterhals sind stark kupferrot glänzend. Der goldgrüne Mantel und Vorderrücken haben starken stahlblauen und violettpurpurnen Glanz. Der Hinterrücken ist reinweiß, die Oberschwanzdecken sind metallisch grün, blau und violett, die Schwanzfedern ockergelb, nach der Spitze ins Rotbraune ziehend. Die ganze Unterseite ist samtschwarz, die nackte Augengegend türkisblau.

Die Henne ist gelbbraun mit schwarzer Zeichnung, unterseits blasser mit weißlichen Tropfenflecken und Schaftstrichen. Kinn und ganze Kehle sind reinweiß.

Weißschwanz-Glanzfasan *(Lophophorus sclateri)*

Diese Art kommt in den Gebirgen von Abor und Mischmi ostwärts bis in die Berge von West-Yünnan und Nord-Burma vor.

Der Hahn hat ein Federbüschel auf dem Scheitel, das mit kleineren, samtartigen, vorwärts gelockten, erzblaugrünen Federn bedeckt ist. Der Hinterrücken, die Ohrschwanzdecken und eine breite Binde am Ende des Schwanzes sind weiß, eine schmalere Binde vor der Endbinde ist lichtrotbraun. Im Übrigen stimmt die Färbung des metallisch erzgrün, stahlblau, purpurviolett und kupferrot stark glänzenden Gefieders mit der samtschwarzen Unterseite und der blauen, nackten Haut um das Auge weitgehend mit der der vorigen Art überein.

Auch die Henne ist ähnlich gefärbt wie bei der vorigen Art. Sie ist etwas dunkler, oberseits deutlicher weißlich längs gestreift, unterseits auf hellerem Grunde fein dunkel quer gewellt und am breit gebänderten Schwanz mit weißer Spitze versehen.

Grünschwanz-Glanzfasan *(Lophophorus lhuysii)*

Der Grünschwanz-Glanzfasan lebt in den Gebirgen von Südost-Kukunor und West- und Nordwest-Szetschuan.

Der Hahn hat eine aus lanzettförmigen, am Hinterkopf herabhängenden, von Erzgrün über Stahlblau an den Spitzen ins Violettpurpurne übergehenden Federn bestehende Kopfhaube. Bürzel und Unterrücken sind weiß, der Schwanz ist stark erzgrün glänzend schwarz mit weißen Flecken an den Seiten seines Wurzelteils. Im Übrigen erinnert das oberseits stark metallisch glänzende, unterseits samtschwarze Gefieder in hohem Maße an das der beiden anderen Arten. Die nackte Gesichtshaut am Auge ist auch hier türkisblau.

Auch die Henne stimmt in der Hauptsache mit den beiden anderen überein, hat aber einen ganz weißen Hinterrücken, einen braunen Bauch mit großen, länglichen weißen Tropfenflecken, deutliche weiße Schaftstriche auf der Oberseite und einen dunkel quer gebänderten Schwanz ohne weiße Spitze.

Der Himalaja-Glanzfasan, der zuerst 1854 nach London kam, wird häufig und regelmäßig in Tiergärten gezeigt und von Liebhabern gehalten und gezüchtet. Die beiden anderen Arten wurden erstmals in der Mitte des vorigen Jahrhunderts nach Europa importiert. Sie zählen heute zu den größten ornithologischen Kostbarkeiten. Einige zoologische Einrichtungen in China und der Zoo von San Diego pflegen derzeit wenige grünschwänzige Glanzfasanen. 1983 erhielt der San Diego Zoo das erste Paar Grünschwanz-Glanzfasanen. Trotz größter Anstrengungen gelang es nicht, davon einen Bestand aufzubauen. Es konnten zwar vereinzelt Jungtiere aufgezogen werden, aber verschiedene Krankheiten machten alle Hoffnungen immer wieder zunichte.

Dessen ungeachtet wurde 1993 von David Rimlinger, Kurator für Vögel des San Diego Zoos, in Zusammenarbeit mit dem Beijing Breeding Center for Endangered Animals und der China Wildlife Conservation Association eine umfangreiche Feldstudie über die Lebensgewohnheiten dieser herrlichen Fasanen im Verbreitungsgebiet der nördlichen Szetschuan-Provinz durchgeführt.

Es wurden mehrere Tiere eingefangen und mit Sendern versehen, sodass sie jederzeit per Peilfunk geortet werden konnten. So wurden wertvolle Daten über den Tagesablauf, die Reviergröße, die Ruhephasen, die Futteraufnahme und vieles mehr gewonnen.

Hauptfutterpflanzen sind beispielsweise eine Glockenblumen-Art *(Fritillaria bulbus)*, deren Wurzelknollen von den Fasanen ausdauernd freigelegt werden, sowie ein Rhizom bildendes Gras *(Hepialus oblifurcus)*. Beide Pflanzen gelten in China als begehrte vielseitige Heilpflanzen, deren Inhaltsstoffe offensichtlich für die Fasanen von ausschlaggebender Bedeutung sind.

In den letzten Jahren ist es dem Beijing Breeding Center gelungen, einige Jungtiere der Grünschwanz-Glanzfasanen aufzuziehen, sodass die Hoffnung bleibt, dass wir bald im Rahmen eines WPA-Projektes diese einmaligen Tiere bewundern können.

Die Glanzfasanen sind hart und unempfindlich, vertragen Kälte, Frost, Eis und Schnee gut, leiden aber unter großer Hitze und auch unter starker Feuchtigkeit. Als eifrige Graber und Wühler verschmutzen sie leicht ihr Gesichtsgefieder,

Der Himalaja-Glanzfasan wird relativ häufig in Menschenobhut gehalten.

verkleben die Federn und ziehen sich Augenkrankheiten zu. Auf nassem Boden erkranken sie auch oft an verschiedenen Infektionskrankheiten wie zum Beispiel Diphtherie.

Der Boden des Geheges muss daher gut drainiert und trocken sein. Besonders auch längs des Gitters muss ein Laufstreifen mit feinem Sand angelegt werden, damit sich hier kein verschlammender Laufpfad bildet. Es wäre aber falsch, den Boden des Auslaufes ganz zu pflastern oder zu betonieren. Die Vögel müssen unbedingt die Möglichkeit haben, mit dem sich sonst nicht abnutzenden und dann unförmig werdenden Schnabel im Boden zu wühlen, wie es für sie naturgemäß ist. Nur darf der Boden hier nicht zu feucht sein und verschlammen.

Zur Zucht ist eine geräumige, schattige, bepflanzte Voliere erforderlich. Als Nistgelegenheit reicht eine Bodenmulde mit Heuunterlage hinter einer Sichtblende. Als wetterharte, kältefeste Vögel brauchen sie nur eine leicht gebaute Unterkunft mit offenem, direkt in den Auslauf führendem Türeingang und großem, vergittertem Fenster. Trockenheit, Licht und Luft sind hier Grundbedingung.

Als Futter erhalten die Glanzfasanen Weizen, Gerste, Hirse, Buchweizen, alles zweckmäßig etwas gequollen. Ein gutes Weichfutter aus gekochten Kartoffeln, Weizenkleie, geriebenen Mohrrüben usw. mit Fisch-, Fleisch- und Knochenmehl, krümelig angerührt, wird dazu am besten morgens gereicht. Grünfutter je nach Jahreszeit und vor allem viele Mohrrüben, Zwiebeln, Topinambur und andere Wurzeln sind für diese Vögel dringend erforderlich. Auch Früchte und Beeren aller Art dürfen nicht fehlen und dienen der Abwechslung.

Kammhühner *(Gallus)*

Unter den Fasanenvögeln nehmen die Kammhühner eine Sonderstellung ein. Von den anderen Gattungen unterscheiden sie sich hauptsächlich durch den fleischigen Kamm auf dem Scheitel und die fleischigen Lappen am unteren Schnabel bzw. an der Kehle, die beim Hahn gut entwickelt sind und auffallen, bei der Henne aber klein und nur angedeutet sind. Die Kehle ist nackt und der Lauf ist länger als die Mittelzehen. Der aus 14 bis 16 Federn bestehende Schwanz wird dachförmig getragen, die mittleren Federn sind beim Hahn stark verlängert und sichelförmig gebogen.

Bankivahuhn *(Gallus gallus)*

Die wichtigste und wohl auch bekannteste Art ist das Bankivahuhn, die Stammform unserer Haushühner, und zwar aller ihrer zahlreichen in Färbung, Größe, Gestalt, Kamm- und Federbildung so ungemein verschiedenen Rassen und Schläge. Man unterscheidet von diesem Wildhuhn mehrere geografische Unterarten.

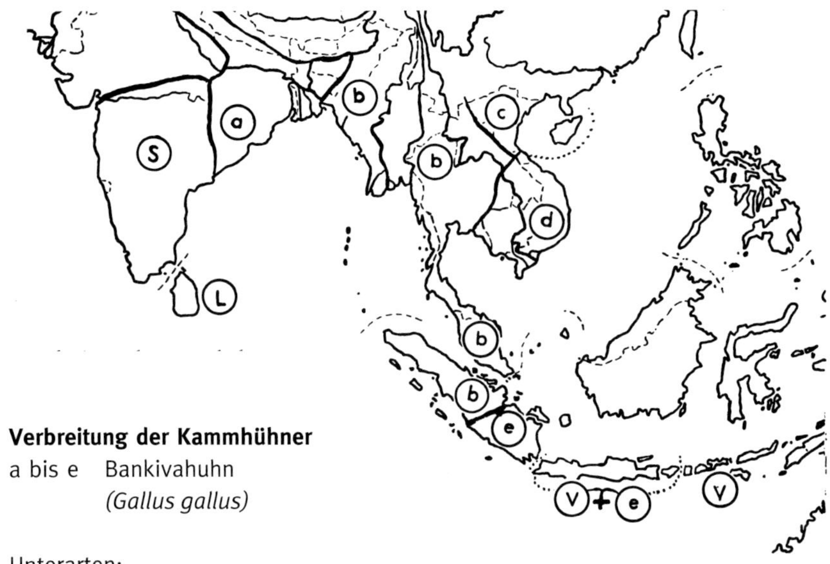

Verbreitung der Kammhühner
a bis e Bankivahuhn *(Gallus gallus)*

Unterarten:
a *G. g. murphi*
b *G. g. spadiceus*
c *G. g. jabouillei*
d *G. g. gallus*
e *G. g. bankiva* (auf Java mit *G. varius* zusammen)
L Lafayettehuhn *(Gallus lafayetii)*
S Sonnerathuhn *(Gallus sonneratii)*
V Gabelschwanzhuhn *(Gallus varius)*

Die Nominatform ***Gallus gallus gallus*** kommt in Cochinchina, Kambodscha sowie in Süd- und Mittel-Vietnam vor.

Sie erinnert in ihrer Färbung an unsere sogenannten „rebhuhnfarbigen Italiener" unter den Haushühnern. Der Hahn hat einen mittelgroßen, gezackten Kamm, der natürlich von dem übergroßen Kamm der genannten Haushuhnrasse erheblich abweicht, zwei Fleischlappen am Unterschnabel, ein nacktes, rotes Gesicht, große, milchweiße Ohrscheiben und lanzettförmige, schmale Halsfedern, die einen Kragen oder „Behang" bilden und feuerrot mit dunkelbraunen Schaftstrichen, nach der Spitze zu mehr goldorangefarben sind.

Oberrücken, große Flügeldecken und innere Armschwingen sind schwarz, stark metallisch stahlblau und erzgrün glänzend, die Oberflügeldecken und ein Band über den Unterrücken sattdunkelrotbraun. Die seitlichen Bürzelfedern sind

Ein Hahn der Nominatform des Bankivahuhns.

lang, schmal, lanzettförmig und hängen seitlich bogig herab. Sie sind kastanienrotbraun und gehen in ein feuriges Orange über. Die Unterseite ist schwarz, der Schwanz schwarz mit lebhaftem, grünem Metallglanz. Nach der Sommermauser, also im Juni bis etwa September, werden der aus langen, schmalen Federn gebildete Halsbehang und der gleich gebildete Bürzel- oder Sattelbehang durch kurze, gerundete Federn ersetzt. Die langen Schwanzfedern fehlen dann auch. Der Kamm wird klein, geschrumpft und dunkel.

Dieses bei den Haushähnen völlig fehlende „Ruhekleid" ist das sicherste Merkmal der wirklich echten wilden Kammhühner im Gegensatz zu den „Deutschen Zwergen" und anderen kleinen Haushuhnrassen, die sonst den Wildhühnern in Färbung und Gestalt fast zum Verwechseln ähnlich sind.

Die Henne hat ein teilweise unbefiedertes Gesicht von blassrötlicher Färbung, kleine, bläuliche Ohrscheiben, einen kleinen Kamm, fast unsichtbare Kehllappen und ist am Scheitel und Nacken rötlich braun gefärbt. Die verlängerten Halsfedern sind dunkelbraun mit breiten, gelben Säumen. Die Oberseite ist braun mit feiner, schwarzer Wellung und weißlichen Schaftstrichen, die Brust rötlich braun, am Bauch ins Gelbbraune übergehend.

Eine Henne (oben) und ein Hahn (unten) der Unterart Gallus gallus jabouille.

Die Unterart ***G. g. spadiceus*** lebt in Südwest-Yünnan, Burma, Thailand, Nord-Laos, Malaya und Nord-Sumatra.

Der Hahn besitzt kürzere Federn im Halsbehang und kleinere, meist rote Ohrscheiben im Vergleich zur Nominatform. Die Halsfedern sind auch bei der Henne kürzer und dunkler.

In Tonkin, Nord-Vietnam, im äußersten Südosten von Yünnan und Kwang Si sowie auf der Insel Hai-Nan kommt ***G. g. jabouillei*** vor. Hier sind beim Hahn die roten Teile des Gefieders dunkler gefärbt, am Rücken mahagonirot, am Hals nur wenig orangefarben. Die Behangfedern sind am Hals und Sattel kürzer und weniger zugespitzt. Kamm, Lappen und Ohrscheiben sind ebenfalls klein, Letztere meist rot.

Die Henne ist dunkler, die Säume der langen Halsfedern sind dunkler gelb.

Den Norden und Nordosten Vorderindiens, einschließlich der niedrigen Hänge des Himalajas von Süd-Kaschmir bis Assam, bewohnt ***G. g. murphi***.Der Hahn ähnelt dem von *G. g. spadiceus*, hat aber gelbere Halsbehangfedern, deren längere Federn goldgelb mit breiten Mittelstreifen sind. Die Bürzel- bzw. Sattelbehangfedern sind hellorangerot, die Ohrscheiben klein und weiß. Die Henne ist heller als bei der anderen Unterart.

Auf Süd-Sumatra, Java und Bali lebt schließlich ***G. g. bankiva***. Der Hahn hat deutlich breitere, an der Spitze fast abgerundete und daher von denen der anderen Rassen deutlich verschiedene Halsbehangfedern. Auch bei der Henne sind die Halsfedern breiter und abgerundeter.

Lafayettehuhn *(Gallus lafayetii)*

Das Lafayettehuhn, auch Gelbes oder Ceylon-Kammhuhn genannt, bewohnt nur die Insel Ceylon bis in etwa 2000 m Höhe.

Der Hahn hat einen nur sehr schwach gezackten, roten, in der Mitte gelb gefärbten Kamm und zwei rote Kinnlappen. Das nackte Gesicht und die Kehle sind ebenfalls rot. Der Scheitel ist rötlich, der Halsbehang sehr lang, rotgelb mit schwarzen Schaftstrichen und breiten, orangeroten Federsäumen. Oberrücken und kleine Flügeldecken sind ebenso, nur etwas intensiver rot gefärbt. Die breiten Federn des Unterrückens und der Bürzel- und Seitenbehang sind purpurviolett mit roten Federsäumen, die übrigen Flügeldecken und der Schwanz violettpurpurn metallisch glänzend, die kleinen Schwanzdecken mit schmalen, roten Federsäumen. Die Brust ist mit langen, schmalen Behangfedern wie auf dem Oberrücken bedeckt, die jedoch stärker rot sind. Der Hinterbauch ist schwarz. Die Läufe sind gelb.

Das Lafayettehuhn (Gallus lafayetii) kommt nur auf der Insel Ceylon vor.

Die Henne ist oberseits rötlich braun mit schwarzer Sprenkelung. Die Halsfedern haben gelblich braune Schaftstriche und gelbliche Säume. Die Flügel sind schwarz und gelblich braun gebändert. Brust- und Körperseiten sind rötlich braun mit großen, weißlichen Mittelflecken und dunklen Federsäumen, während der Bauch weiß ist.

Sonnerathuhn *(Gallus sonneratii)*

Schutzstatus nach WA: Anhang II/C 1 EG B

Das Sonnerathuhn oder Graue Kammhuhn lebt im westlichen und südlichen Vorderindien.

Der Hahn hat einen nur leicht gezackten Kamm, der wie Kinnlappen, Kehle und das nackte Gesicht rot ist. Der Halsbehang hat lange, an der Spitze gerundete, grau gesäumte schwarze Federn, die an der Spitze zwei bis drei weißliche und an der Spitze noch ein gelbes Hornblättchen tragen. Die lanzettförmigen Federn der Unterseite sind schwarz mit weißen Schaftstrichen und hellen Säumen, an den Weichen roströtlich angehaucht. Die Rückenfedern sind purpurschwarz mit weißen Schäften und grauen Säumen, die Behangfedern des Bürzels an der Spitze rostrot mit großen, gelben und weißen Hornplättchen. Der Schwanz ist purpurschwarz glänzend. Die Flügeldecken sind schwarz mit weißen Schäften und langen, rostgelben Spitzen, die übrigen Flügelteile sind schwarz, die Läufe gelb bis lachsrötlich.

Ein Hahn (oben) und eine Henne (unten) des Sonnerathuhns (Gallus sonneratii).

Die Henne ist allgemein braun, die Halsfedern haben jeweils eine gelbliche Mitte, schwarze Striche und braune Säume. Der Rücken ist fein schwarz und hellbraun gewellt; die Federn haben weißlich gelbbraune, schwarz umränderte Schaftstriche. Die Flügel sind braun und schwarz gewellt, die Schwingen und seitlichen Steuerfedern schwarz, die Kehle ist gelblich weiß und die Brustfedern sind weiß mit breiten, schwarzen oder braunen Säumen, wie geschuppt aussehend.

Grünes Kammhuhn *(Gallus varius)*

Das Grüne Kammhuhn, das häufig auch irreführend als Gabelschwanzhuhn bezeichnet wird, weicht im Aussehen von den anderen Arten der Gattung *Gallus* erheblich ab.

Diese Art lebt auf Java und den sich östlich anschließenden Inseln Madura, Kangean, Bawean, Bali, Lombok, Sumbawa, Flores und Alor, kommt also auf Java und Bali neben *Gallus gallus bankiva* vor.

Der Hahn hat einen ganzrandigen, nicht gezackten Kamm, nur einen einzigen Fleischlappen in der Mitte der Kehle und kurze, breite, schuppenartige Behangfedern an Unterrücken und Bürzel hat. Der Schwanz ist jedoch nicht „gegabelt"! Der Kamm des Hahns ist an der Wurzel blaugrün und geht nach dem Rand über Blau und Violett in Rot über, der Kehllappen ist an der Wurzel rot mit hellgelbem Fleck und geht am Rand in Blau und Rot über, das nackte Gesicht ist rot. Die schuppenartigen Federn des Halses und Vorderrückens sind schwarz mit dreifachem blauem, grünem und schwarzem Saum, die langen Federn am Unterrücken und Bürzel sind schwarz, bronzegrün glänzend mit schmalen, gelben Säumen.

Der 16-fedrige Schwanz ist schwarz mit stahlblauem und erzgrünem Metallglanz. Die stark verlängerten, zum Teil zerschlissenen schmalen, schwarzen Flügeldeckfedern haben breite, orangerote Säume. Unterseite und übrige Flügelteile sind schwarz, die Läufe rötlich weiß.

Ein Grünes Kammhuhn (Gallus varius).

Die Henne hat einen braunen Kopf und eine glänzend schwarze Oberseite mit blassgelblichen Schaftstrichen und sich deutlich abhebenden Federsäumen, die ihr ein geschupptes Aussehen verleihen. Die Schwanzfedern sind schwarz mit bräunlich gelben und metallglänzenden dunklen Flecken an den Rändern. Die Kehle ist weiß, die

Brust blassbraun mit schwärzlichen Federsäumen, der Bauch gräulich bis bräunlich mit Schwarz gemischt.

Bei diesem einjährigen Grünen Kammhuhn sind Gefieder und Zeichnung noch nicht voll ausgebildet.

Die Kammhühner bewohnen warme, zum Teil feuchte Gebiete im Tiefland und im Gebirge bis etwa 2000 m Höhe. Paarweise oder in kleinen Familienverbänden halten sie sich gern in feuchten Wäldern, Bambusdickichten und auch in der Nähe von Kulturland und Ortschaften auf, doch kommen sie auch in trockenen Buschsteppen vor. Morgens und abends treten sie an Lichtungen heraus und besuchen das offene Feld.

Die Balz des Hahns entspricht bei *Gallus gallus* ganz der unseres Haushahns. Bei den anderen Arten ist sie ähnlich. Die Stimme ist je nach Art verschieden. Die des Bankivahahns gleicht der eines kleineren Haushahns mit kurzer Endsilbe. Der gelbe Lafayettehahn hat einen Krähruf, den die Engländer mit „George Joyce“ wiedergeben. Beide Geschlechter locken mit „klock klock“ und einem leiseren „tschok tschok“.

Der graue Sonnerathahn kräht viersilbig „kuk kaya kaya kuk“ oder sechssilbig „gakgikgak gage-rak“. Auch ein „kiurkun kiurkun“ lässt er hören. Die Henne gackert wie ein kleines Haushuhn.

Der grüne „Gabelschwanzhahn“ kräht „tschau au auk“, lässt ein leises „wok wok wok“ und als Warnruf ein scharfes „tschop tschop tschop“ hören. Die Henne lockt „kok kok kok kok“ und ruft laut „kowak kowak“.

Die Kammhühner leben ganz im Gegensatz zu unseren Haushühnern in strenger Einehe. Sie sind verhältnismäßig leicht zu halten und können auch frei im Garten gehalten werden, wo sie sich jedoch durch ihr fleißiges Scharren unbeliebt machen und vielen Gefahren durch Hunde, Katzen, Kinder, Diebe und so weiter ausgesetzt sind.

Als Bewohner warmer, zum Teil feuchtheißer tropischer Länder müssen sie warme Unterkunftsräume und gut drainierte Ausläufe haben. Erstere sollten auch heizbar sein. Besonders das Grüne Kammhuhn ist recht empfindlich und verlangt durchaus einen warmen Stall, doch auch die anderen sollte man nicht unseren kalten und feuchten Wintern ungeschützt aussetzen, was naturwidrig und für die Tiere nachteilig wäre.

Das Sonnerathuhn aus Ceylon wird infolge Ausfuhrverbotes gar nicht mehr eingeführt. Die anderen kommen dagegen relativ häufig in unsere Volieren. Als rote Bankivahühner werden häufig rebhuhnfarbige Deutsche Zwerge oder andere ähnlich zwerghafte Haushühner angeboten, die aber immer sicher daran zu erkennen sind, dass sie wie alle Haushühner im Gegensatz zu den Wildhühnern überhaupt kein besonderes „Ruhekleid" nach der Sommermauser anlegen.

Die Mischlinge zwischen den ersten drei Kammhuhn-Arten sind wohl immer fruchtbar, während die Mischlinge dieser Arten mit dem Grünen Kammhuhn, wenn überhaupt, dann nur im männlichen Geschlecht fruchtbar, im weiblichen jedoch unfruchtbar sind.

Hühnerfasanen *(Lophura)*

Alle Vertreter dieser Gattung haben einen seitlich zusammengedrückten, dachförmig getragenen 16-fedrigen Schwanz, nackte, zu dehnbaren Hautlappen anschwellbare Hautfelder um das Auge und gerundete Flügel. Der Hahn hat an den Läufen lange, scharfe Sporen, die gelegentlich auch bei der Henne auftreten können. Auf dem Scheitel befindet sich eine rückwärts gerichtete Haube aus

Dieser Schwarzfasan gehört zur Unterart Lophura leucomelana leucomelana.

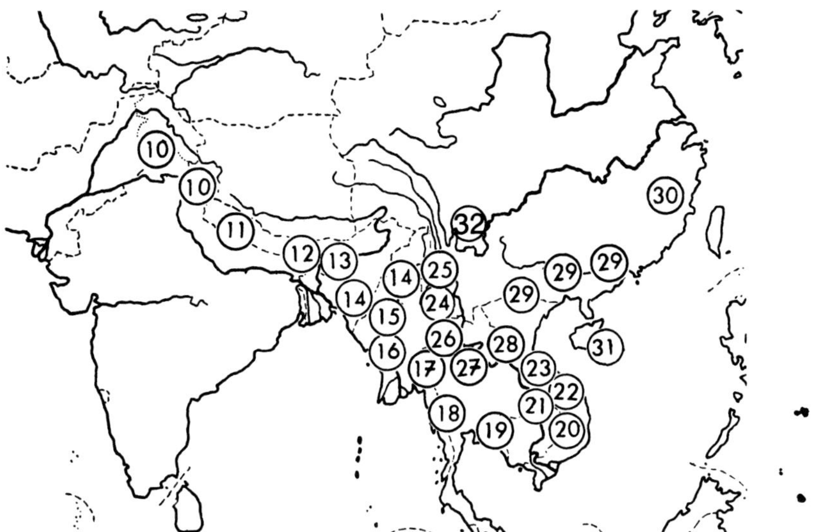

Verbreitung der Hühnerfasanen I

10 bis 18 Schwarz- und Strichelfasanen *(Lophura leucomelana)*
Unterarten:
10 *L. l. hamiltoni*
11 *L. l. leucomelana*
12 *L. l. melanota*
13 *L. l. moffitti*
14 *L. l. lathami*
15 *L. l. williamsi*
16 *L. l. oatesi*
17 *L. l. lineata*
18 *L. l. crawfurdi*

19 bis 32 Silberfasanen *(Lophura nycthemera)*
Unterarten:
19 *L. n. lewisi*
20 *L. n. annamensis*
21 *L. n. engelbachi*
22 *L. n. beli*
23 *L. n. berliozi*
24 *L. n. rufipes*
25 *L. n. occidentalis*
26 *L. n. ripponi*
27 *L. n. jonesi*
28 *L. n. beaulieui*
29 *L. n. nycthemera*
30 *L. n. fokiensis*
31 *L. n. witheheadi*
32 *L. n. omeiensis*

zerschlissenen Federn. Feine Wärzchen geben den nackten, roten, unterhalb der Wange und oberhalb der Zügel vorspringenden Gesichtslappen ein samtartiges Aussehen. Die Geschlechter sind verschieden gefärbt.

UNTERGATTUNGEN

Früher wurde diese Gattung noch in fünf verschiedene Untergattungen unterteilt. In diesem Buch werden aber alle der Gattung Lophora *zugeordnet. Der Vollständigkeit halber werden die früheren Untergattungsbezeichnungen noch kurz erwähnt.*

Die Silberfasanen wurden früher der Untergattung *Gennaeus* zugeordnet. Die hierzu gehörenden Arten weisen eine ganze Reihe von Unterarten auf. Alle vertreten sich in ihrer geografischen Verbreitung gegenseitig, stehen sich auch sonst ungemein nahe und bilden einen natürlichen Formenkreis, der aber in zwei engere Artenkreise zerfällt: den der dunkelfüßigen **Schwarz-** oder **Strichelfasanen** oder „Kalijs" und den der rotfüßigen **Silberfasanen**. Die sogenannten Schwarz- oder Strichelfasanen verbinden beide Arten hinsichtlich der Färbung des Gefieders, gehören aber auf jeden Fall zu der ersteren Art, deren bekannteste Unterarten wegen ihrer Färbung „Schwarzfasanen" heißen.

Schwarz- oder Strichelfasanen *(Lophura leucomelana)*

Vom Gografluss östlich bis zum Arun in Nepal kommt die Nominatform, der **Nepalfasan *(L. l. leucomelana)***, vor. Bei ihm hat der Hahn eine schwarze Haube und deutlich schmalere, weiße Säume an den Bürzelfedern.

Vom Arun in Ost-Nepal östlich bis zum Monas in West-Bhutan lebt der **Schwarzrückenfasan *(L. l. melanota)***, dessen Hahn ebenfalls eine schwarze Haube hat, bei dem aber die Federn des Hinterrückens und Bürzels ohne weiße Säume und mit samtschwarzen Binden versehen und die lanzettförmigen Kropf- und Brustfedem bräunlich weiß sind.

Der Nepalfasan (Lophura leucomelana leucomelana) ist die Nominatform der Schwarzfasanen.

Die Unterart ***Lophura leucomelana hamiltoni***, der **Weißhaubenfasan**, kommt im Himalaja vom Indus-Tal östlich bis zum Gogra in West-Nepal vor.

Der Hahn ist an Kopf, Hals, Vorderrücken und Flügeln schwarz mit blauem Glanz und hat weiße Haubenfedern, breit weiß gesäumte Bürzelfedern und lanzettförmige, bräunlich weiße Kropf-, Brust- und Bauchfedern.

Die Henne ist braun, etwas ins Rotbraune ziehend mit weißlichen Federsäumen und hellen Schaftstrichen.

Weiter im Osten scheint das bisher unbekannte Wohngebiet des im männlichen Gefieder vollkommen schwarzen, an Brust und Oberseite blau glänzenden **Moffittfasans *(L. l. moffitti)*** zu liegen.

In Ost-Bhutan und Assam lebt der **Schwarzbrust- oder Horsfieldfasan *(L. l. lathami)***, dessen Hahn bis auf die breit weiß gesäumten Bürzelfedern ganz schwarz mit blauem Stahlglanz ist.

Bei der Unterart ***L. l. williamsi*** von Ober-Burma zwischen Manipur und Irrawaddy gleicht der Hahn in der Gestalt völlig den vorigen Unterarten. Haube und Unterseite vom Kinn abwärts sind schwarz, Halsseiten und Hinterhals glänzend blauschwarz und fein weiß gestrichelt. Flügel, Oberrücken und Schultern sind purpurschwarz mit weißen Schaftstrichen und vier schmalen, unregelmäßig verlaufenden weißen Linien. Unterrücken, Bürzel und Oberschwanzdecken haben weiße Federsäume; Schwanz und Flügel sind schwarz mit weißen Streifen.

Die sich südlich in Arrakan anschließende ähnliche Unterart ***L. l. oatesi*** fällt besonders durch ihre lanzettförmigen Brustseitenfedern mit ihren weißen Schaftstrichen und die schwarze, fein weiß gestrichelte und daher aus der Entfernung grau wirkende Oberseite auf.

Der Weißhaubenfasan ist die Unterart Lophura leucomelana hamiltoni.

Der Moffittfasan (Lophura leucomelana moffitti) zeichnet sich durch das vollkommen schwarze Gefieder aus.

Beim Horsfieldfasan (Lophura leucomelana lathami) sind nur die Bürzelfedern weiß gesäumt.

Der echte Strichelfasan der Unterart Lophura leucomelana lineata.

Ein Hahn der Unterart Lophura leucomelana crawfurdi.

Eine Henne der Unterart Lophura leucomelana crawfurdi.

Weiter im Osten, in Nord-Tenasserim und Nordwest-Thailand, lebt der echte **Strichelfasan *(L. l. lineata)***, dessen Hahn eine schwarze Unterseite und Haube und an den lanzettförmigen Federn der Brustseite breite, weiße Schaftstriche hat. Die Oberseite ist ganz fein schwarz und weiß gestrichelt, sodass sie von fern einheitlich grau aussieht. Flügel und Schwanzfedern sind gröber gestrichelt, die mittleren Schwanzfedern sind heller, nach der Spitze zu und an den Innenfahnen zart gelblich weiß.

Die Henne ist oberseits goldbraun mit dunklerer Haube, Hals und Oberrücken haben V-förmige, weiße, schwarz geränderte Zeichnungen; die übrige Oberseite weist graue Federenden auf. Die vier mittleren Schwanzfedern sind bräunlich gelb. Vorderhals und Unterseite sind mit auffallenden spitzdreieckigen bis lanzettförmigen weißen Flecken versehen.

Die südlicher in Tenasserim und West-Thailand beheimatete Unterart ***L. l. crawfurdi*** ist ähnlich, jedoch dunkler im Hahnenkleid, mit breiteren, schwarzen Stricheln und die lanzettförmigen Federn der Brustseiten weisen besonders breite, weiße Schaftstriche auf. Die Hennen zeigen auf schwarzbrauner Unterseite eine doppelte V-förmige, weiße Zeichnung.

ÜBERGANG VON STRICHEL- ZU SILBERFASAN

Die vier letztgenannten Unterarten leiten in der Färbung als „Strichelfasanen" zu den Silberfasanen mit roten Füßen über, von denen mehrere Unterarten sich noch in die vermittelnde Übergangsreihe von Strichel- zu echten Silberfasanen einordnen lassen. Im Allgemeinen werden die Hähne immer heller und weißer, je weiter man nach Nordosten und Norden kommt. Die Aufhellung der Oberseite entsteht dadurch, dass die schwarzen Strichel auf den Federn immer schmaler werden und der weiße Untergrund immer mehr hervortritt, bis bei den echten Silberfasanen die ganze Oberseite mit Ausnahme weniger schwacher schwarzer Strichel an Flügeln und seitlichen Schwanzteilen reinweiß ist.

Silberfasanen *(Lophura nycthemera)*

Recht dunkle Unterarten, deren stark und grob gestrichelte Oberseite einen mehr oder minder vorherrschenden grauen Gesamteindruck macht, sind

L. n. lewisi von Kambodscha,
L. n. annamensis aus Süd-Vietnam,
L. n. engelbachi aus Süd-Laos,
L. n. beli aus Mittel-Vietnam zwischen Hué und Tourane sowie
L. n. rufipes aus dem Rubinminengebiet zwischen Salween und Irrawaddy in den nördlichen Schan-Staaten.

Die Unterart ***L. n. berliozi*** aus den Gebirgen bei Quangtri in Mittel-Vietnam ist schon bedeutend heller und vermittelt zu den folgenden Unterarten:

L. n. occidentalis aus Nordwest-Yünnan und Nordost-Burma,
L. n. ripponi aus den südlichen Schan-Staaten,
L. n. jonesi aus Nord- und Mittelthailand und
L. n. beaulieui aus Nord-Laos, Südost-Yünnan, Tonkin und Nord-Vietnam.

Auch ***L. n. whiteheadi*** vom Gebirge der Insel Hainan sowie ***L. n. fokiensis*** aus Fujian in Süd-China sind sehr hell und silberfasanähnlich, jedoch durch die stärkere und gröbere Strichelung immer noch dunkler als die Nominatform, der südchinesische **Silberfasan *L. n. nycthemera***.

Der Hahn der Nominatform ist an der ganzen Unterseite und an der vollen, herabhängenden Haube und am Oberkopf blau glänzend schwarz, am Nacken reinweiß, auf Rücken und Flügeln weiß mit schmalen, schwarzen, in Winkeln zusammenlaufenden Linien. Die Schwanzfedern sind weiß und zum Teil mit fei-

Die Unterart Lophura nycthemera berliozi ist ein Vertreter für den Übergang zwischen den dunkleren und bedeutend helleren Silberfasanen.

Die Nominatform Lophura nycthemera nycthemera ist sehr hell im Vergleich zu den anderen Unterarten.

Ein Hahn der Unterart Lophura nycthemera lewisi.

nen schwarzen Linien versehene. Alle schwarzen Linien sind hier schmaler und dünner als bei allen anderen Unterarten. Auch ist dieser Silberfasan von allen Unterarten der größte.

Die Henne ist fast einfarbig hellbraun mit dunkel gewellten mittleren Schwanzfedern, während die äußeren Schwanzfedern schwarzbraun und weiß gewellt sind.

Die Hennen der anderen Unterarten ähneln nur zum Teil der Silberfasanhenne, so zum Beispiel bei ***L. n. lewisi, annamensis, engelbachi, beli*** und ***berliozi***, während bei anderen Unterarten bei den Hennen durch abwechselnd hell-dunkel gewellte Bänderzeichnung auf den Federn der Unterseite eine fast schuppige Zeichnung entsteht, wie bei ***L. n. rufipes, occidentalis, ripponi, jonesi*** und ***beaulieui***. Ganz besonders weicht die Henne der Unterart ***L. n. whiteheadi*** von Hainan ab, die auf Rücken und Mantel weiße Schaftstriche und auf der Unterseite längliche weiße Flecken auf schwarzem Grunde hat, die eine schuppige Zeichnung hervorrufen.

Die aus Szetschuan 1964 beschriebene Unterart ***L. n. omeiensis*** hat beim Hahn das kleine äußere Schwanzfederpaar schwarz, die drei folgenden Paare weisen an der unteren und inneren Fahnenbasis zunehmend größer werdende graue Streifenmusterung auf.

Von den Schwarzfasanen kommen nur die Unterarten *L. l. hamiltoni, leucomelana, moffitti* und *lathami* sowie der Strichelfasan, *L. leucomelana lineata*, und der Crawfurdfasan, *L. leucomelana crawfurdi*, und von den Silberfasanen außer natürlich der Nominatform höchstens die Unterart *L. n. berliozi* als ab und zu eingeführte Vögel infrage.

1995 importierte der Vogelpark Walsrode unter anderem *Lophura nycthemera lewisi* und *Lophura nycthemera jonesi*. Außer dem Silberfasan, dem Weißhauben-, Nepal-, Schwarzbrust- und Strichelfasan, die bei uns häufiger und regelmäßiger zu sehen sind und auch vielfach erfolgreich gezüchtet werden, sind auch die übrigen oben genannten Unterarten nur seltene Irrgäste in den Volieren der Liebhaber. Leider werden im Tierhandel heute viele, zum Teil ganz undefinierbare Bastarde von den verschiedenen Formen der Schwarzfasanen als (unter)artenreine Tiere angeboten und verkauft, wodurch zahlreiche Zuchten geschädigt werden, während wirklich artenreine Vögel kaum erhältlich sind.

Ein Paar Silberfasanen der Unterart Lophura nycthemera berliozi.

Ein Silberfasan der Unterart Lophura leucomelana jonesi.

In ihrer Heimat bewohnen die Vögel dieser Gruppe Wälder, dichte Bambusbestände und Buschgebiete, wo sie nur schwer zu sehen sind. Sie werden als nicht besonders scheu geschildert. Häufig leben sie in kleinen Gruppen. Es steht noch nicht fest, ob sie alle nur in Einehe leben. Vielleicht ist das bei den einzelnen Formen verschieden. Man trifft auch im Freiland häufig drei bis fünf Hennen bei einem Hahn an.

Alle Formen sind Bodenvögel, die nur zur Nacht oder wenn sie aufgescheucht werden aufbaumen. Sie nisten auch am Boden. Die Hähne sind streitsüchtig und greifen in menschlicher Obhut auch die Betreuer an.

Die Stimme ist je nach Art verschieden. Meist hört man schrille, lang gezogene Pfiffe, die von tieferen, lauten, gluckenden Tönen begleitet werden. In der Balz richtet sich der Hahn, einen lauten Ruf ausstoßend, steil auf und lässt die Flügel mit schnellen, ein schwirrendes Geräusch wie „prrr" verursachenden Schlägen erzittern. Im Übrigen wird eine einfache Seitenbalz ausgeführt, wobei die Schwanzfedern von oben nach unten gespreizt und die Haubenfedern aufgerichtet werden, während die Gesichtslappen stark anschwellen. So schreitet der Hahn um die Henne herum, schüttelt den Schwanz und stößt gluckende und brummende Töne aus.

Im Allgemeinen sind die Hühnerfasanen leicht zu halten – auch in kleineren Gehegen. Die bisher eingeführten und bei uns vielfach gehaltenen und gezüchteten Formen sind ziemlich wetterhart. Doch muss man ihnen ein festes Schutzhaus, das trocken, zugfrei, hell und luftig ist, zur Verfügung stellen. Auch der Auslauf muss geräumig und trocken sein. Als Futter erhalten die Altvögel ein Körnergemisch, bestehend aus Weizen, Gerste, verschiedenen Hirsesorten und die im Handel erhältlichen Pellets. Eine tägliche Weichfuttergabe in feuchtkrümeliger Form aus Geflügelmischfutter (Schrot), angereichert mit zerkleinertem Gemüse, Grünpflanzen (Löwenzahn, Brennnessel, Klee, Luzerne), Fleischkrissel, Quark usw. ist vor allem während der Zuchtperiode sehr vorteilhaft. Die Jungtiere erhalten Putenstarter feuchtkrümelig vermischt mit Brennnesseln, Eierrahm und Quark sowie als Leckerbissen Mehlwürmer.

Die Brutdauer beträgt bei diesen Vögeln 23 bis 25 Tage. Die Eier sind rahmweiß bis rosagelblich und fleckenlos oder nur mit kleineren weißlichen Pünktchen besät. In sehr harten Wintern müssen die Unterkunftshütten für die aus wärmeren Gebieten stammenden Arten auch beheizt werden. Für Silberfasanen und die im Hochgebirge lebenden Formen der Schwarzfasanen ist dies jedoch nicht erforderlich.

Blaufasanen

Unter den Hühnerfasanen der Gattung *Lophura* nehmen vier weitere Arten eine Sonderstellung ein. Früher wurden sie der Untergattung *Hierophasis* zugeordnet.

Bei den Blaufasanen sind die Schwanzfedern kürzer und wirken dadurch breiter, die Kopfhauben sind ebenfalls kürzer und reichen kaum über das Genick und die Gefiederfärbung ist vorherrschend stahlblau.

Swinhoe-Fasan *Lophura swinhoii*

Schutzstatus nach WA: Anahng I EG A

Diese Art lebt auf der Insel Taiwan (früheres Formosa).

Der Swinhoe-Fasanhahn ist überaus prächtig. Kopf, Hals und Unterseite sind seidig glänzend blau, Unterrücken, Bürzel und Oberschwanzdecken ebenfalls blau mit schmalen, schwarzen Binden vor den breiten, metallisch glänzenden, blauen Federsäumen. Auf dem Vorderrücken ist ein großer, reinweißer Fleck. Auch der kurze Federschopf auf dem Scheitel ist weiß, mit leichter Beimischung von blauschwarzen Federchen an der Stirn. Die kleinen Flügeldeckfedern sind glänzend weinrot, die großen schwarz mit stahlgrünen Federsäumen und samtschwarzen Binden vor diesen. Die beiden innersten verlängerten und zugespitzten Schwanzfedern sind weiß, die übrigen dunkelblau.

Der Swinhoe-Fasanhahn (Lophura swinhoii) hat eine prächtige Erscheinung.

Der Henne fehlt ein sichtbarer Scheitelschopf. Kopf und Kehle sind bräunlich grau, die Oberseite ist braun und schwarz mit hellbraunen, pfeilförmigen Dreiecksflecken, die auch an Kropf und Vorderbrust angedeutet sind, während die übrige Unterseite auf gelbbraunem Grunde schwarzwellig bis winkelförmig gebändert ist. Die Flügel sind braunschwarz mit mehreren hellbraunen Binden, die innersten Schwanzfedern braun und schwarz gewellt und hellbraun gebändert, während die übrigen kastanienrotbraun sind. Die Läufe sind in beiden Geschlechtern rot.

Kaiserfasan *Lophura imperialis*

Schutzstatus nach WA: Anhang I EG A

Diese Art kommt in Mittel-Vietnam bei Dong-Hoi vor.

Der Kaiserfasan ist im männlichen Kleid ganz dunkelblau, an den Körperfedern schwarz mit breiten, blauen Rändern, am Unterrücken und Bürzel schwarz mit leuchtend metallisch stahlblauen Federsäumen. Die kurze, etwas zugespitzte Kopfhaube ist blauschwarz. Die mittleren Schwanzfedern sind ziemlich lang, zugespitzt und etwas gebogen.

Die Henne, die keine eigentliche Federholle hat, aber die verlängerten Scheitelfedern etwas aufrichten kann, ist oberseits kastanienbraun, am Kopf grauer, an Wangen, Kinn und Kehle blasser, unterseits blassgraubraun. Die mittleren Schwanzfedern sind braun mit schwarzen Stricheln, die äußeren schwarz. Die Füße sind bei beiden Geschlechtern rot.

Edwards-Fasan *Lophura edwardsi*

Schutzstatus nach WA: Anhang I EG A

Diese Art lebt ebenfalls in Mittel-Vietnam, aber mehr südöstlich bei Quangtri.

Der Edwards-Fasan hat eine weiße, manchmal an einigen Federn etwas mit Schwarz gemischte, kurze Federhaube auf dem Scheitel. Im Übrigen ist das Ge-

Typisch für den Edwards-Fasan (Lophura edwardsi) ist die glänzend blaue Färbung.

fieder dunkelblau mit breiten, seidig glänzenden, blauen Federsäumen. Unterrücken, Bürzel, Schwanzdecken und kleine Flügeldecken sind blau mit stahlblau glänzenden Säumen und samtschwarzen Binden vor diesen. An den anderen Flügeldecken sind die Säume metallisch glänzend erzgrün. Die mittleren Federn des blauen Schwanzes sind gerundet, nicht zugespitzt und nicht länger als die des zweiten und dritten Paares. Im Ganzen ist der Schwanz ziemlich kurz und gerade.

Die Henne, bei der die Kopfhaube ebenfalls nicht sichtbar ist, ist allgemein kastanienbraun, am Kopf und Hals grauer, auf dem Mantel rötlicher. Die drei mittleren Schwanzfedern und die Schwingen sind dunkelbraun, die anderen schwarz. Das ganze Gefieder ist fein schwarz gestrichelt. Die Füße sind in beiden Geschlechtern rot.

Vietnam-Fasan *Lophura hatinhensis*

Schutzstatus nach WA: EG B

1964 wurde der im nördlichen Zentral-Vietnam vorkommende sogenannte Vo-Quy-Fasan oder Vietnam-Fasan entdeckt und 1975 beschrieben. Er wurde lange Zeit als eigene Art angesehen. Seine Färbung gleicht im Wesentlichen dem des Edwards-Fasans, nur dass der Vietnam-Fasan die beiden mittleren weißen Schwanzfedern des Swinhoe-Fasans aufweist.

In den letzten Jahren wurden umfangreiche Untersuchungen zur Systematik der endemischen Fasanenarten Vietnams vornehmlich von Alain Hennache und Dr. Ettore Randi auf der Grundlage der DNA-Analyse durchgeführt. Aufgrund neuerer Untersuchungen aus dem Jahr 2012 sind sie nun zu dem Ergebnis gekommen, dass es sich bei den als *Lophura hatinhensis* bezeichneten Tieren doch nicht um eine eigene Art handeln soll, sondern der Art *Lophura edwardsi* zuzuordnen sei.

Dazu ist anzumerken, dass die Evolution bekanntlich einen fortlaufenden Prozess der Natur darstellt und die DNA-Analyse nur einen Teil der Bewertung eines Systematik-Status einnehmen kann. Es lassen sich signifikante Unterschiede beider Erscheinungsformen nicht leugnen und diese werden auch dominant von Generation zu Generation weitervererbt.

Auch die Behauptung, dass der Kaiserfasan *(Lophura imperialis)* aufgrund von Kreuzungsversuchen von Alain Hennache aus Silber- und Edwards-Fasanen ein Hybrid dieser Arten aus freier Wildbahn sein soll, ist nur eine Vermutung, aber durchaus umstritten. Ich habe in den 1970er-Jahren aus Vietnam Edwards- und Kaiserfasanen erhalten. Diese Tiere waren im Erscheinungsbild unterschiedlich und die Nachkommen entsprachen in ihrer Erscheinung völlig den Eltern, was ja bei Kreuzungen sehr unwahrscheinlich ist.

ERSTZUCHT DES VIETNAM-FASANS

Noch in dem umfangreichen Werk „Die Hühnervögel der Welt" von Herrn Dr. Raethel konnte 1988 über den Vietnam-Fasan nur Folgendes geschrieben werden: „Bisher besitzt nur das Museum von Hanoi die Bälge von zwei Hähnen, die 1964 und 1974 ... gesammelt wurden."

Vietnam-Fasanen gehören wie Kaiser- und Edwards-Fasanen zu endemischen Arten Zentral-Vietnams. Alle drei Arten sind eng miteinander verwandt und zeigen ein fast gleiches Erscheinungsbild.

Die Hähne der Blaufasanen der Gattung Lophura *haben ein gleichmäßig blaues Mantelgefieder, welches je nach Lichteinfall vor allem auf den Flügeldecken grün schimmernde Federsäume zeigt. Edwards- und Vietnam-Fasanenhähne tragen eine weiße Federhaube und der Hahn des Vietnam-Fasans erhält im zweiten Lebensjahr vier weiße Schwanzfedern der beiden mittleren Federnpaare.*

Die Henne ist mit ihrer kastanienbraunen Färbung einer Edwards-Fasanenhenne täuschend ähnlich, nur erscheint sie insgesamt etwas heller braun als Letztere. Unverwechselbar sind ihre ebenfalls im 2. Lebensjahr erscheinenden weißen Schwanzfedern der beiden mittleren Federpaare.

Eine weitere Differenzierung zu ihren nächsten Verwandten, den Edwards-Fasanen, ist der schlanke, höher gestellte Habitus und der sehr eng getragene gerade Schwanz.

Als ornithologische Sensation kam 1990 die Nachricht aus dem Zoo von Hanoi, dass einheimische Jäger insgesamt sechs Exemplare dieser Art im Minh Hoa-Distrikt, Quang Binh Province, einer Zentralregion in Vietnam, gefangen hatten. Von diesen Tieren überlebten zwei Hähne und eine Henne und 1991 konnte eine weitere Henne in den Zoo von Hanoi verbracht werden. 1992 legte eine Henne sieben Eier, aus denen fünf Küken unter einer Brutamme schlüpften. Leider erlagen diese Jungtiere einer Infektion. 1993 legten beide Hennen zusammen zwölf Eier, aus denen neun Küken schlüpften und fünf Hähne und zwei Hennen aufwuchsen. Damit war dem Zoo von Hanoi die Welterstzucht dieser Fasanenart gelungen.

Bis 1996 konnte der Bestand aus Wildfängen und der Nachzucht auf 38 Tiere erhöht werden. Zwei Paare kamen in den Zoo von Saigon und am 26.6.1996 trafen die ersten beiden Paare in Europa ein, um auch hier eine Population zur Vermehrung dieser Art aufzubauen.
Die Erstzucht in Europa gelang bereits 1997 zeitgleich in England und Frankreich. Am 26.2.1999 erhielt ich aus dem Zoo Antwerpen einen 1998er-Nachzuchthahn und am 9.3.1999 schickte der Parc Zoologique de Cleres eine 1995er-Henne aus Hanoi, deren Eltern Wildfänge sind, zur Zucht nach Erfurt. Beide Tiere gewöhnten sich ohne Probleme ein und der Junghahn balzte bereits nach wenigen Tagen.
Anfang April scharrte die Henne im Innenraum im Sand hinter einer Sichtblende aus Kiefernzweigen eine tiefe Mulde und in zweitägigen Abständen wurden fünf hellbraune, längliche Eier gelegt, deren Durchschnittsgewicht 35 g betrug. Das Gelege erhielt eine Brutamme (Zwerghuhn) zum Ausbrüten. Nach 22 Tagen schlüpften innerhalb einer Stunde alle fünf Küken. Bis Anfang Mai wurde noch ein Zweitgelege, bestehend aus sechs Eiern, in der Freivoliere in dichter Vegetation gezeitigt. Auch dieses Gelege wurde mit einem Zwerghuhn erbrütet und alle sechs Küken schlüpften.
Die Aufzucht verlief mit einem üblichen Putenstarter feuchtkrümelig vermischt – anfänglich mit gekochtem Ei, später unter Zusatz von Möhren, Äpfeln, Brennnesseln, Petersilie – ohne Probleme. Mehlwürmer dienen wie bei allen anderen Arten auch nur zur besseren Futteraufnahme bei Kleinküken und als späterer Leckerbissen.
Der Zuchtbuchführer stellte für 1999 ermutigend fest, dass weltweit vier Einrichtungen in den Niederlanden, England, Japan und Deutschland insgesamt 20 Jungtiere aufgezogen haben. Aus den in Erfurt geschlüpften elf Küken haben sich sechs Hähne und fünf Hennen prächtig entwickelt. Zwei Paare sind zur Zucht hier verblieben und vier Hähne und drei Hennen in verschiedene zoologische Einrichtungen eingestellt.

Die Blaufasanen bewohnen die dichtesten Teile der feuchten Gebirgswaldungen, steigen jedoch in den Bergen nicht sehr hoch hinauf. Im Wesen und Verhalten ähneln sie sehr den anderen Fasanhühnern, besonders den Schwarzfasanen. Auch die Balz dieser Vögel verläuft sehr ähnlich. Der Hahn richtet sich steil auf, lässt unter stark schwirrendem Geräusch die gelüfteten Flügel in sehr schneller Folge erzittern und umkreist in der typischen Seitenbalzhaltung die Henne, indem er den dieser zugekehrten Flügel hängen lässt, die Schwanzfedern auseinanderspreizt und nach der Henne zu senkt. Besonders der ungemein farbenprächtige Swinhoe-Hahn wirkt durch die verschiedenen Farbfelder des Gefieders, die steil aufgerichtete weiße Kopfholle und die das Auge blumenblattartig umgebenden roten Gesichtslappen überraschend schön.

In menschlicher Obhut halten sich diese Vögel, zumindest der schon seit 1866 in Europa eingeführte Swinhoe-Fasan, gut und sind widerstandsfähig. Die beiden anderen Arten sind erst spät entdeckt worden, der Edwards-Fasan 1896, der Kaiserfasan sogar erst 1923. Sie kamen daher erst 1923 und 1924 nach Europa. Es sind genauso widerstandsfähige Arten wie ihr Vetter aus Taiwan, doch existieren vom Kaiserfasan zurzeit keine Populationen in menschlicher Obhut in Europa und den USA. Wenn Blaufasanen auch wetterhart sind, so sollte man ihnen doch feste, gegen Zugluft und Feuchtigkeit geschützte Unterkünfte bieten und für strenge Winter eine Heizvorrichtung vorsehen. Auch der Auslauf sollte trocken und gut drainiert und geräumig sein.

Zwar begnügt sich der Swinhoe-Fasan auch mit einem kleineren Auslauf, doch müssen dann die Vögel in der Balzzeit besonders beaufsichtigt werden, da die Hähne sehr streitsüchtig und gegenüber den Hennen rücksichtslos sind, sodass man diesen genügend Ausweich- und Versteckmöglichkeiten bieten muss. Auch die große Schreckhaftigkeit der Vögel muss berücksichtigt werden.

Die Hennen sind gute Brüterinnen und Führerinnen. Man sieht den Swinhoe-Fasan und den Edwards-Fasan heute in vielen Fasanerien. Der Ornithologe Delacour hat Edwards- und Kaiserfasan aus Vietnam importiert, erfolgreich gepflegt und gut gezüchtet, auch mit ihnen untereinander sowie mit Silber-, Horsfield- und anderen Fasanen Mischlinge erzielt.

Zur Erhaltung der Art wurde ein internationales Zuchtbuch für den Edwars-Fasan eingerichtet.

Im Februar 1994 schickte die WPA International vier Paare Edwards-Fasanen als Geschenk in den Zoo Hanoi, da diese Fasanen in ihrer Heimat nicht mehr vorhanden waren. Der Edwards-Fasan galt in der Natur als ausgestorben, bis im August 1996 eine gute Nachricht die Fachwelt erreichte: Der Edwards-Fasan hat in der Natur Zentral-Vietnams überlebt.

Im September 1995 organisierten der Zoo Hanoi und der Bach-Ma-Nationalpark mit finanzieller Unterstützung des WWF Vietnam einen Naturschutz-Workshop für Rheinart- und Edwards-Fasanen im Bach-Ma-Nationalpark. An dieser Arbeitssitzung nahmen 30 Wissenschaftler aus Zoos, Nationalparks, Forstverwaltungen, WWF und BirdLife International teil. Während der Tagung stimmten alle Teilnehmer darin überein, dass eine Übersicht über die Fasanenbestände in ihren ursprünglichen Lebensräumen dringend notwendig sei. Der Bach-Ma-Nationalpark, die Thua-Thien-Hue-Forstverwaltung und der WWF ließen ein Poster mit dem Bild des Edwards-Fasans drucken, in dem die in der Provinz lebende Bevölkerung zur Mithilfe bei der Erhaltung der sehr seltenen Fasanen aufgerufen wird. Genau ein Jahr nach der Arbeitstagung in Bach Ma und einer Menge harter Arbeit bei der Bestandsbeobachtung im Nationalpark konnten die örtliche Naturschutzorganisation und der WWF das Überleben der gefährdeten Art bekannt geben. Eine Henne und ein Hahn dieser Art wurden am 26. und 28. August 1996 in Phong My, Distrikt Phong Dien in der Provinz Thua Thien Hue, von Dorfbewohnern gefangen. Leider starben beide Tiere kurz darauf an den Verletzungen, die sie beim Fang erlitten hatten.

Die letzte bekannte Entnahme eines Edwards-Fasans aus der Natur erfolgte im Jahr 1928. Zwischen 1988 und 1994 suchten drei wissenschaftliche Expeditionen vergeblich nach dem Edwards-Fasan.

Die Wiederentdeckung dieses Fasans nach 70 Jahren bedeutet, dass die Menschheit eine zweite Chance bekommen hat, diesen prachtvollen Vogel und seinen Lebensraum zu erhalten. Der Edwards-Fasan galt bereits als selten, als der französische Ornithologe Jean Delacour im Jahr 1923 15 Tiere nach Cleres brachte. Bis dahin kannte die Wissenschaft die Art nur von vier Bälgen, die 1895 in das Naturhistorische Museum in Paris gelangten. Von den 15 Tieren Delacours stammen alle etwa tausend derzeit weltweit in Volieren gehaltenen Edwards-Fasanen ab.

Auf Initiative der Vereinigung Europäische Zoos wird derzeit unter Federführung des Parc Zoologique de Cleres, dem ehemaligen Sitz von Jean Delacour, ein Internationales Zuchtbuch eingerichtet.

Mithilfe von Blutproben werden über DNA-Analyse die direkten Verwandtschaftsverhältnisse eines Teilbestandes untersucht, um eine möglichst große genetische Vielfalt des Zuchtbestandes zu erhalten.

Verbreitung der Hühnerfasanen II

s Swinhoe-Fasan *(Lophura swinhoii)*
i Kaiserfasan *(Lophura imperialis)*
e Edwards-Fasan *(Lophura edwardsi)*
1 Salvadori-Fasan *(Lophura inornata inornata)*
2 Atjeh-Fasan *(Lophura inornata hoogerwerfi)*
3 Sumatras-Gelbschwanzfasan *(Lophura erythrophthalma erythrophthalma)*
4 Borneo-Gelbschwanzfasan *(Lophura erythrophthalma pyronota)*
x Bulwer-Fasan *(Lophura bulweri)*
H Vietnam-Fasan *(Lophura hatinhensis)*

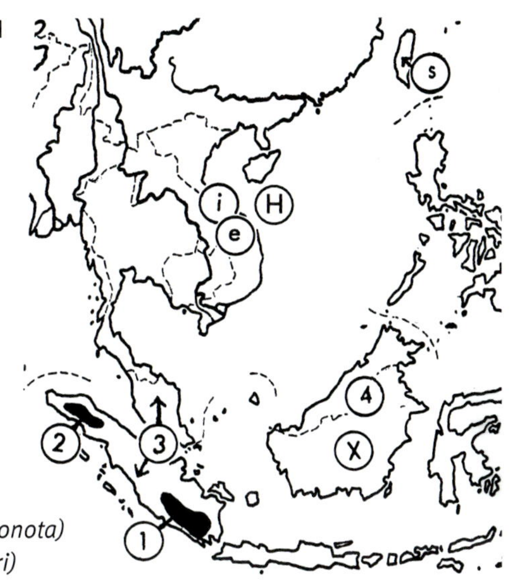

Salvadori-Fasan *(Lophura inornata)*

Früher wude der Salvadori-Fasan der Untergattung *Acomus* zugeordnet. Er gehört zu den haubenlosen Fasanhühnern, die sich durch 14 verhältnismäßig kurze Schwanzfedern, deren mittlere nicht viel länger oder sogar kürzer als die des zweiten und dritten Paares sind und dachförmig getragen werden, und den durch keine Federhaube oder Federschopf gezierten Oberkopf auszeichnet. Beim Salvadori-Fasan unterscheidet man weiterhin zwei Unterarten.

Ein Paar der Nominatform des Salvadori-Fasans (Lophura inornata inornata).

Bei der Nominatform ***Lophura inornata inornata*** glänzt der Rücken nicht feuerrot, wie bei den Feuerrückenfasanen, die auch dadurch ihren Namen erhalten haben. Der Hahn ist einfarbig schwarz mit breiten, metallisch glänzenden stahlblauen Säumen an den

Federn, vom Oberkopf bis zu den Schwanzdecken sowie an Hals, Brust und Körperseiten. Die nackte, rote Gesichtshaut hat einen gelblichen Punkt am hinteren Augenwinkel.

Die Henne ist hellrötlich kastanienbraun, die Federn mit breiten, hellgelbbräunlichen Mittelstreifen, feinen, schwarzen Pünktchen und hellen Schäften. Die Kehle ist blassbraun, der Schwanz schwarzbraun. Dieser Fasan lebt in den Gebirgen im Süden von Sumatra.

Im Gebirgsland von Atjeh im Nordwesten von Sumatra vertritt ihn eine andere Unterart, nämlich ***L. i. hoogerwerfi***, von der bisher nur die Henne bekannt ist. Bei ihr ist das Braun des Gefieders fein schwarz gewellt und nur die breiten Säume an den seitlichen Federn der Flügel, des Unterrückens, des Bürzels und der Körperseiten sind rötlich braun.

Die Nominatform des Haubenlosen Feuerrückenfasans wird Sumatra-Gelbschwanzfasan genannt.

Feuerrückenfasanen

Die Feuerrückenfasanen wurden früher der Untergattung *Euplocamus* zugeordnet. Innerhalb der Gattung *Lophura* gehören die Feuerrückenfasanen zu den schönsten Hühnerfasanen. Man nennt sie so, weil ihre Hähne im Prachtkleid einen kupfrig glänzenden, feuerroten Unterrücken und zum Teil auch Bürzel haben. Man unterscheidet die haubenlose Art von den gehäubten Arten.

Haubenloser Feuerrückenfasan *(Lophura erythrophthalma)*

Schutzstatus nach WA: Anhang III EG B

Bei der Nominatform ***Lophura erythrophthalma erythrophthalma*** ist der Hahn an Scheitel, Kehle, Ohrdecken und Hals purpurschimmernd schwarz. Mantel, Flügel und Körperseiten sind purpurschwarzblau mit feiner, silbergrauer Strichelung. Der Mittelrücken glänzt feurig kupferrot, am Bürzel mehr seidig kastanienrot. Die Oberschwanzdecken sind purpurstahlblau mit kastanienrotbraunen Säumen.

Von den 14 bis 16 zimtgelben Schwanzfedern sind die beiden mittleren etwas kürzer als das 2. und 3. Paar, abgerundet, kurz, gerade, abwärts gerichtet und ähnlich denen der Haushenne. Die purpurschwarze Brust hat silbergraue Schaftstriche und einige feine Fleckchen. Die übrige Unterseite ist schwarz. Die große, rote Gesichtshaut hat am oberen Rand zwei in der Balz hochragende, zugespitzte Lappen.

Die Henne ist bis auf den bräunlichen Kopf und die rauchgraue Kehle mit Kinn ganz schwarz, an den sichtbaren Federteilen stahlblau glänzend. Der Vogel lebt in den Wäldern des Tieflandes von Malaya und von Sumatra.

In den Waldungen des Tieflandes von Nord-Borneo wird er durch die Unterart ***L. e. pyronota*** ersetzt, bei der der Hahn am schwarz gesprenkelten Hals und Oberrücken fein hellgrau und mit weißen Schaftstrichen versehen ist und auf den Körperseiten und an der Brust lanzettförmige, stark stahlblau glänzende, purpurschwarze Federn mit breiten, weißen Schaftlinien hat, während der Bürzel dunkelkastanienrotbraun ist und die Oberschwanzdecken stahlblau sind.

Die Henne ist der der anderen Unterart ähnlich, nur etwas größer und stärker glänzend.

Im Gegensatz zu dem Haubenlosen Feuerrückenfasan sind die anderen Arten im engeren Sinn mit einer kurzen, dicken Holle von mehreren steifen, un-

Die Unterart L. e. pyronota wird Borneo-Gelbschwanzfasan genannt.

Der Haubenlose Feuerrückenfasan ist die einzige Art dieser Gruppe ohne eine Haube auf dem Kopf.

ten kahlschäftigen, an der Spitze mit einer quasten- bis spatelförmigen Fahne versehenen Federn geschmückt, die bei der Henne schwächer entwickelt ist. Die dehnbare Gesichtshaut ist bei diesen Vögeln leuchtend kobaltblau. Der aus 16 Federn bestehende Schwanz ist deutlich länger als der Flügel und wird dachförmig getragen; seine mittleren Federn sind länger, zugespitzt und leicht abwärts gebogen.

Die Nominatform Lophura ignita ignita wird auch Borneo-Feuerrückenfasan genannt.

Eine Henne der Nominatform Lophura ignita ignita.

Rotrückenfasan *(Lophura ignita)*

Schutzstatus nach WA: Anhang III EG B

Diese Art wird auch **Blaugesichtiger Feuerrückenfasan** genannt.

Bei der in Süd-Borneo und auf Banka lebenden Nominatform ***Lophura ignita ignita*** ist der Hahn an Kopf, Hals, Brust, Mantel, Bürzel und Schwanzdecken dunkelpurpurblau glänzend schwarz. Die dunkelblauen Flügeldecken haben schillernd ultramarinblaue Säume, die Schwingen sind blauschwarz. Die Federn des Unterrückens haben blauschwarze Wurzelteile und breite, feurig kupferbraune Säume. Bürzel und Oberschwanzdecken sind mit stahlblauen Federsäumen geschmückt. Die drei mittleren Paare und Körperseiten sind glänzend kupferbraun, der Unterleib ist schwarz.

Bei der Henne sind Kopf und Oberseite rötlich kastanienbraun, Flügel und Schwanzdecken fein schwarz gestrichelt und die schwarzen Schwanzfedern an den Enden fein dunkelbraun gestrichelt. Kinn und Kehle sind weiß, die Brustfedern und Federn an den Enden fein dunkelbraun gestrichelt, an den Körperseiten kastanien- bis schwarzbraun mit weißen Säumen, sodass das Gefieder hier schuppig aussieht.

Verbreitung der gehäubten Feuerrückenfasane

d Rotrückenfasan *(Lophura ignita)* und Prälatfasan *(Lophura diardi)*

Unterarten:

r *Lophura ignita rufa*

m *Lophura ignita macartneyi*

n *Lophura ignita nobilis*

In Nord-Borneo und in Sarawak tritt die ganz ähnlich gefärbte, jedoch deutlich größere Unterart ***L. i. nobilis*** als Vertreter der Art auf, bei der der Hahn eine Flügellänge von 28 bis 29,3 cm hat, während diese bei der Nominatform nur 23,4 bis 25,4 cm beträgt.

Die dritte Unterart, der Vieillot-Fasan ***L. i. rufa***, die auf der Malaiischen Halbinsel und dem größten Teil von Sumatra lebt, ist in der Gestalt gedrungener. Der Hahn hat einen längeren Schwanz; die mittleren Federn sind nicht zimtgelb, sondern weiß. Die ganze Brust und die Körperseiten sind dunkelstahlblau, Letztere mit verschieden breiten, weißen Schaftstrichen versehen. Der kupferbraune Fleck auf dem Rücken ist deutlicher rot. Die blauen Gesichtslappen sind heller und etwas anders geformt mit vier Seitenlappen um das Auge herum und einem kleinen, roten Fleck am unteren Rand.

Die Henne ist der der anderen Unterarten ähnlich, aber stets leicht an den roten, nicht wie bei jenen mit bräunlichen Läufen zu erkennen.

Die Unterart Lophura ignita rufa wird als Sumatra-Feuerrückenfasan bezeichnet.

Der Delacour-Feuerrückenfasan ist eine weniger bekannte Unterart.

An der Südostspitze Sumatras findet sich die nur wenig bekannte Unterart ***L. i. macartneyi***. Von dieser Unterart, die als **Delacour-Feuerrückenfasan** bezeichnet wird, wurden nur wenige Exemplare nach Europa importiert.

Anfänglich nahm man an, dass es sich dabei um eine Mischform von *L. i. rufa* und *L. i. ignita* handelt und verschiedene Autoren beschrieben eine recht unterschiedliche Gefiederzeichnung.

Mit hoher Wahrscheinlichkeit handelt es sich bei diesen Beschreibungen auch um Mischlinge der beiden oben erwähnten Unterarten. Anhand eigener Untersuchungen kann bestätigt werden, dass unterartenrein gezüchtete Delacour-Feuerrückenfasanen eine vollkommen identische Zeichnung aufweisen und somit mit Sicherheit eine eigene Unterart darstellen.

Der Hahn zeigt stets vier weiße Schwanzfedern der beiden äußeren Fedpaare wie der Hahn von *L. i. rufa*. Die Brust und die Körperseiten sind dagegen wie bei *L. i. ignita* kupferbraun gefärbt, die Federschäfte dieser Brustfedern zeigen hellere Schaftstreifen.

Die Henne ist der von *L. i. rufa* sehr ähnlich, aber dunkler braun. Beide Geschlechter der Unterart *L. i. macartneyi* haben hellgraue Beine.

Prälatfasan (*Lophura diardi*, früher *Diardallaus diardi*)

Der Prälatfasan gehört auch zu den gehäubten Feuerrückenfasanen. Er ist einer der schönsten Insassen unserer Volieren. Sein Verbreitungsgebiet sind Ost-Thailand, Laos sowie Mittel- und Süd-Vietnam.

Die Art wurde früher einer anderen Gattung zugeordnet. Er zeichnet sich durch eine beim Hahn 70 bis 90 mm lange, in der Regel nach hinten herabhängende, in der Erregung jedoch steil aufgerichtete Federholle aus zerschlissenen Fahnen, durch große, rote Gesichtslappen und verhältnismäßig schmale, verlängerte, zugespitzte und stark sichelförmig gebogene mittlere Schwanzfedern mit deutlich etwas nach außen gerichteten Spitzen.

Oberseits ist der Hahn grau mit feiner, dunkler Wellung, die an den Flügeldecken schwarze, weiß gesäumte Querbinden aufweist. Der Hinterrücken glänzt feurig kupferrot, während Bürzel und Oberschwanzdecken stahlblau sind mit breiten, glänzend braunroten Federsäumen. Brust, Bauch, Schenkel und Hinterleib glänzen stahlblauschwarz, die schwarzen Schwanzfedern lebhaft erzgrün. Das rote Gesicht wird von einer samtschwarzen Kappe umgeben.

Die Kopfhaube mit der Federholle ist ein Kennzeichen für die gehäubten Feuerrückenfasanen.

Der Prälatfasan (Lophura diardi) unterscheidet sich im äußeren Erscheinungsbild von den anderen Feuerrückenfasanen deutlich.

Die Henne ist rotbraun mit braungrauem Kopf und Oberhals. Flügel, Bürzel und mittlere Schwanzfedern sind schwarz mit welligen, blassbräunlich gelben Querbinden; die rotbraunen Federn des Bauches sind weiß gesäumt, die Läufe wie beim Hahn rot.

Die Feuerrückenfasanen bewohnen dichte, feuchtheiße Wälder des Tieflandes oder des Gebirges. Im Wesen und Verhalten erinnern sie in der Hauptsache an die anderen Fasanhühner Schwarz- und Silberfasanen. Auch in der Balz ähneln sie ihnen. Sie scheinen alle in Einehe zu leben.

Als Bewohner tropisch feuchtheißer Urwälder sind alle Formen dieser Gruppe ungemein empfindlich gegen feuchte Kälte, Regen, Schnee, Nebel und auch Bodenfeuchtigkeit. Sie verlangen auf jeden Fall eine gut beheizbare, trockene, sonnig-lichte und geräumige Unterkunft, in der sie auch bei ungünstiger Witterung mehrere Tage eingesperrt bleiben können, sowie weitläufige, warm gelegene, bodentrockene Ausläufe nach Süden. Bei unsachgemäßer Haltung erliegen sie leicht Infektionskrankheiten. Im Übrigen sind sie jedoch anspruchslos und leicht zu halten.

In ihrem Auslauf sollten die Feuerrückenfasanen wie dieser Prälatfasan genügend Pflanzen als Deckung haben.

Ihres Wesens wegen muss im Auslauf genügend Buschwerk als Deckung geboten werden. Hennen vertragen sich selten miteinander und dürfen daher niemals in der Mehrzahl einem Hahn beigegeben werden. Der Prälatfasan ist zudem sehr schreckhaft, sodass erschreckte Vögel sich beim Hochfliegen häufig schwer und sogar tödlich verletzen.

Die Rotrückenfasanen *(Lophura ignita)* sind ruhiger und verträglicher. Ihre Hennen sind meist gute Brüterinnen und zuverlässig führende Mütter.

In der Ernährung gleichen alle den anderen Fasanhühnern, doch sollte man auch genügend Fleischkrissel, Garnelenschrot, Fleisch-, Fisch- und Knochenmehl dem Weichfutter beigeben, obwohl die letztgenannte Art anderen Berichten zufolge gerade auf fleischige Nahrung keinen Wert legt. Frisches Grün, Obst und Beeren, je nach Jahreszeit, dürfen nicht fehlen.

Bulwer-Fasan *(Lophura bulweri)*

Der Bulwer-Fasan stellt die letzte Art der Gattung *Lophura* dar. Früher wurde er der eigenen Untergattung *Lobiophasis* zugeordnet. Er ist die sonderbarste Art der Hühnerfasanen. Der Hahn trägt auf dem Kopf keine Federholle, aber blaue Gesichtslappen, die in je ein Paar dehnbare Schwellkörper am Oberkopf, an den Kopfseiten und an der Kehle auslaufen. Ein Ring um das Auge ist rot. Der Schwanz besteht beim Hahn im Ruhekleid aus 24, im Prachtkleid aus 32 (!) breiten, sichelförmig gebogenen, weißen Federn.

Das Prachtgefieder des Hahns ist schwarz, am Kopf und Oberhals blau schimmernd, an Vorderhals und Brust purpurkastanienrotbraun angehaucht. Die Federn der schwarzen Unterbrust haben metallisch blau glänzende Spitzen, die übrige Unterseite ist schwarz, ebenso die Oberseite, auf welcher die Federn glänzend blaue Säume und samtschwarze Binden vor diesen haben, sodass Hinterhals, Rücken, Bürzel, Oberschwanzdecken, Flügeldecken und anderes wie mit leuchtend schimmernden Flitterbändern quer gestreift aussehen.

Die Henne ist licht kastanienbraun mit feiner schwärzlicher Strichelung, unterseits heller, an den Flügeln dunkler. Der bei ihr aus 26 Federn bestehende Schwanz ist dunkelbraun.

Der im Innern von Borneo in dichten Wäldern des Tieflandes und der Berge bis etwa 700 m Höhe lebende Fasan ist noch ziemlich unbekannt. Er ist meist recht schweigsam und still. In der Balz breitet der Hahn seinen aus 32 Federn bestehenden Schwanz zu einem fast geschlossenen, einseitig senkrecht gestellten weißen Rad aus. Die himmelblauen Schwellkörper an den Gesichtslappen werden durch Einpressen von Blut fest und steif. Die beiden am Oberkopf befindlichen

Der Bulwer-Fasan (Lophura bulweri) hat ein ganz besonders Erscheinungsbild, das ihn von den anderen Hühnerfasanen deutlich abgrenzt.

richten sich wie die Fleischhörner der Tragopane auf, bleiben aber etwas nach hinten leicht gebogen, während die beiden unten am Kopf angebrachten Körper sich in gleicher Weise ebenfalls nach hinten leicht gebogen ausdehnen, sodass beide zusammen von der Seite betrachtet eine bogenförmige, etwa 18 cm lange, aber schmale Leiste bilden, die den Schnabel völlig verdeckt und nur Kopf und Hals sichtbar lässt.

In der Mitte wird diese himmelblaue gebogene Leiste durch den leuchtend rubinroten Augenring unterbrochen. In dieser Aufmachung schreitet der Hahn langsam umher, bleibt ruckartig stehen und lässt ein „gack" ertönen. Beim Höhepunkt der Balz hört man schrille, durchdringende Schreie, sonst ist der Vogel schweigsam. Das Gelege besteht aus zwei bis fünf Eiern von rosig rahmgelblicher Färbung.

Die Art ist in den Volieren der Tiergärten und Liebhaber sehr selten. Als Bewohner tropisch warmer Waldungen ist sie natürlich in Bezug auf Wärme anspruchsvoll und verlangt einen gut heizbaren, trockenen, zugfreien und recht geräumigen Unterkunftsraum, in dem sie auch im Winter und bei nasskalter Witterung unter Umständen längere Zeit gehalten werden muss. Im Übrigen entspricht ihre Haltung und Pflege im Allgemeinen dem in Bezug auf die Feuerrückenfasanen Gesagten. Der Bulwer-Fasan wurde erstmalig 1974 in Mexiko gezüchtet, in Europa 1984 im Vogelpark Walsrode. Die einzelnen Phasen der einzigartigen Balz werden im Detail im Journal X 1985 der WPA von D. Rimlinger im San Diego Zoo eindrucksvoll geschildert.

Alle Feuerrückenarten schreiten in Gefangenschaft relativ regelmäßig zur Eiablage, aber die Befruchtungsrate der Gelege lässt sehr zu wünschen übrig, da offensichtlich eine Synchronisation des Geschlechtsrhythmus der Paarpartner in vielen Fällen misslingt. Andererseits bringen harmonisierende Paare alljährlich reichlich Nachwuchs.

Ohrfasanen *(Crossoptilon)*

Wie die Glanzfasanen und Tragopane sind die Ohrfasanen Hochgebirgs- und Hochlandvögel. Ihre Heimat sind kahle, öde, zum Teil auch felsige Gebiete Mittelasiens, in denen sie offene, mit Gras bewachsene Hänge und Hochebenen mit wenig Gesträuch und lichteren Baumgruppen von Birken, Eichen, Wacholder und Kiefern bevorzugen und auch wohl in schütteren Kiefernwaldungen auftreten.

Sie fliegen nur selten und ungern. Aufgestöbert laufen sie bergauf, um von der Höhe aus in schwerem, aber schnellem Flug bergab zur Talsohle oder zum anderen Hang herabzufliegen. In Nord-China, wo sie früher zur Gewinnung der zerschlissenen Schwanzfedern für den Hutschmuck der Mandarine viel gejagt wurden, sind sie scheu und vorsichtig, in Tibet, wo sie von den tierliebenden Lamas geschont und gehegt wurden, dagegen sehr zutraulich.

Die Nahrung besteht aus allerlei Samen, Pflanzenschösslingen, Knospen, Blättern, jungen Gräsern, vor allem aber verschiedenen Wurzeln, Zwiebeln und Knollen sowie Insekten und ihren Larven, die sie mit dem langen, festen und an der Oberschnabelspitze scharfhakig herabgebogenen Schnabel geschickt aus dem Boden graben. Fast niemals aber scharren sie wie andere Hühnervögel mit den Füßen. Im Allgemeinen sind sie ortstreu, nur bei sehr ungünstigem Wetter schweifen sie weiter umher und steigen besonders bei Schneefall tiefer talabwärts.

Die Ohrfasanen haben ihre Bezeichnung den typischen Federbüscheln am Kopf zu verdanken.

Die Ohrfasanen sind recht ruffreudig und lärmen ziemlich viel. Auf Futtersuche verstreut, lassen sie ständig ein lang gezogenes Miauen hören, das mit einem hohen Ton „kuko kuko“ endet, sowie auch einen wie „höng höng höng“ klingenden Ruf. Der oft wiederholte Warnruf ist ein scharfes „wräck“ und der Balzruf „trip tschirra ah“ wird in der Wiederholung immer lauter. Auch Rufe wie „widjah widjah“ lassen sie hören.

Meist schweifen die Ohrfasanen zu zehn bis 30 Stück und mehr zusammen im Wald und in den angrenzenden offenen Teilen umher und laufen, alle Deckungen geschickt ausnutzend, sehr schnell umher. Zur Ruhe baumen sie allgemein auf.

Im Frühjahr sondern sich die Paare ab, denn die Ohrfasanen leben in Einehe. Die Hähne kämpfen fast nie miteinander. Sonst sind die Vögel sehr gesellig und herdenhaft. Die Balz besteht hauptsächlich aus vielem Umherlaufen und fleißigem Rufen. Dabei lüftet der Hahn seine Flügel und spreizt den Schwanz, die eine Seite der Henne zukehrend und sie ihr prunkend zeigend. Die roten Hautlappen im Gesicht schwellen an und dehnen sich aus. Die Balz erinnert an die der Fasanhühner, nur dass bei den Ohrfasanen das Schwirren mit den gelüfteten Flügeln bei aufgerichtetem und der Henne von vorn zugekehrtem Körper ganz fortfällt. Das Nest wird an geschützter Stelle unter einem Busch, Felsstück oder Erdhügel am Boden errichtet. Die ovalen Eier sind glattschalig, glänzend, blassschiefergrünlich ohne oder nur selten mit kleinen Fleckchen.

Die Ohrfasanen sind größere, starke Vögel mit einem seitlich stark zusammengedrückten Schwanz von 20 bis 24 Federn, der dachförmig getragen wird. Die mittleren Schwanzfedern sind abwärts gebogen, die innersten in den Fahnen stark aufgelockert oder sogar haarartig zerschlissen. Die Körperbefiederung ist weich, besonders am Bürzel teilweise auch zerschlissen. Die nackten Kopfseiten sind mit einer warzigen, roten Haut bezogen. Den Kopf zieren auffallende, rückwärts gerichtete, schnurrbartähnliche weiße Federbüschel, die sogenannten „Ohren".

Die Henne gleicht dem Hahn, ist aber meist kleiner und hat in der Regel keine Sporen an den Läufen, die aber ausnahmsweise dem Hahn fehlen und bei der Henne vorkommen können. Die rote Gesichtshaut ist beim Hahn meist ausgedehnter und besonders am oberen Rand mehr abgerundet.

Waren früher nur drei Arten bekannt, rechnet man heute mit vier Arten, da eine frühere Unterart den Artstatus erreicht hat.

Weißer Ohrfasan *(Crossoptilon crossoptilon)*

Schutzstatus nach WA: Anhang I EG A

Der Weiße Ohrfasan hat nur in einigen Unterarten ein weißes, in anderen jedoch ein graues Körpergefieder. Die samtartigen Federn des Oberkopfes sind schwarz, die verlängerten sogenannten „Ohr-Federn" weiß, ragen aber hinten nicht über das Genick hinaus. Die mittleren Paare des 20-fedrigen Schwanzes sind verlängert und haben aufgelockerte, lose, verlängerte und gelockte Fahnen, die aber nicht haarartig zerschlissen sind. Durch die Bildung sowohl der kürzeren „Ohr-Federn" als auch der nur gelockten, aber nicht haarartig zerschlissenen Schwanzfedern unterscheidet sich diese Art auch in den grau gefärbten Unterarten immer deutlich von den beiden anderen Arten.

Man unterscheidet vier Unterarten.

Die Nominatform ***C. c. crossoptilon*** kommt aus Südost-Tibet und West-Szetschuan. Das Gefieder ist ober- und unterseits reinweiß und geht an Flügeln und Oberschwanzdecken in Grau über. Die Armschwingen sind schwarzbraun, die Handschwingen dunkelbraun mit Purpurschimmer, die Schwanzfedern am Wurzelteil purpurn, nach der Spitze zu dunkelgrünblau und purpurviolett schimmernd.

Die Unterart des Weißen Ohrfasans Crossoptilon crossoptilon drouynii.

Die Unterart ***C. c. lichiangense*** von Nordwest-Yünnan ist der Nominatform ähnlich, aber an den dunklen Teilen heller.

Die Unterart ***C. c. drouynii*** stammt aus Tibet zwischen dem Salwen und Jangtse. Sie ist noch heller, und zwar mit Ausnahme der schwarzen Kopfplatte und des dunklen Schwanzes fast ganz reinweiß.

Die Unterart ***C. c. dolani*** aus dem südlichen Kukunor-Gebiet ist an Bauch, Kehle, Kinn und Gesicht sowie an einem Band um die schwarze Kopfplatte und an den „Ohr-Federn" weiß, auf der Ober- und der übrigen Unterseite blassaschgrau. Alle Federn sind stärker aufgelockert und fast haarartig zerschlissen.

Tibetischer Ohrfasan *(Crossoptilon harmani)*

Der Tibetische Ohrfasan, auch als Harman-Fasan bezeichnet, galt früher als Unterart des Weißen Ohrfasans, hat aber heute den Artstatus erhalten. Er stammt aus Südost-Tibet. Er ist an Kinn, Kehle, „Ohr-Federn", einem Halsband

Der Tibetische Ohrfasan Crossoptilon harmani gilt heute als eigene Art.

und am Bauch weiß, oberseits ziemlich dunkelblaugrau, am Hals etwas bräunlicher, ebenso an Oberrücken und Brust, unterseits außer am weißen Bauch aschgrau. Die Schwingen sind schwarzbraun, der Schwanz ist metallisch blauschwarz mit grünem Schimmer, am Wurzelteil gräulich. Die Bildung der Schwanzfedern und der „Ohrbüschel" ist die gleiche wie bei den vorher genannten Unterarten.

Blauer Ohrfasan *(Crossoptilon auritum)*

Schutzstatus nach WA: frei

Der Blaue Ohrfasan hat ebenfalls einen aus samtartigen Federn bestehenden schwarzen Oberkopf. Zügel, Kinn, Kehle und die stark verlängerten, hinten ziemlich weit über das Genick hinausragenden „Ohrbüschel" sind weiß, die ganze Ober- und Unterseite ist blaugrau, die Federn zumeist zerschlissen, haarartig lose. Die Armschwingen sind dunkelbraun mit Purpurschimmer, die Handschwingen mattbraun. Die beiden mittleren Paare des 24-fedrigen Schwanzes haben ganz zerschlissene Fahnen, sind blaugrau, nach der Spitze zu dunkler und stärker erzgrün schillernd und am Ende ins Purpurviolette übergehend. Die fünf bis sechs äußeren Schwanzfederpaare haben am Wurzelteil eine breite, weiße Querbinde, die einen „Schwanzspiegel" bildet. Das Endviertel dieser Federn schillert metallisch purpurn. Die Art lebt in den Bergen nordwestlich von Kukunor und in Kansu und nördlich bis zum Ala-Schan.

Der Blaue Ohrfasan Crossoptilon auritum gilt als nicht gefährdet.

Der Braune Ohrfasan Crossoptilon mantchuricum hat besonders lange „Ohrbüschel".

Brauner Ohrfasan *(Crossoptilon mantchuricum)*

Schutzstatus nach WA: Anhang I EG A

Der Braune Ohrfasan hat ebenfalls einen samtartig schwarzen Oberkopf und ist an Kinn, Kehle und unterhalb des roten Gesichts rahmweiß. Die stark verlängerten, hinten ziemlich weit über das Genick hinausragenden „Ohrbüschel" sind reinweiß, der Hals ist schwarz, nach unten zu brauner werdend. Rücken, Flügel und Unterseite

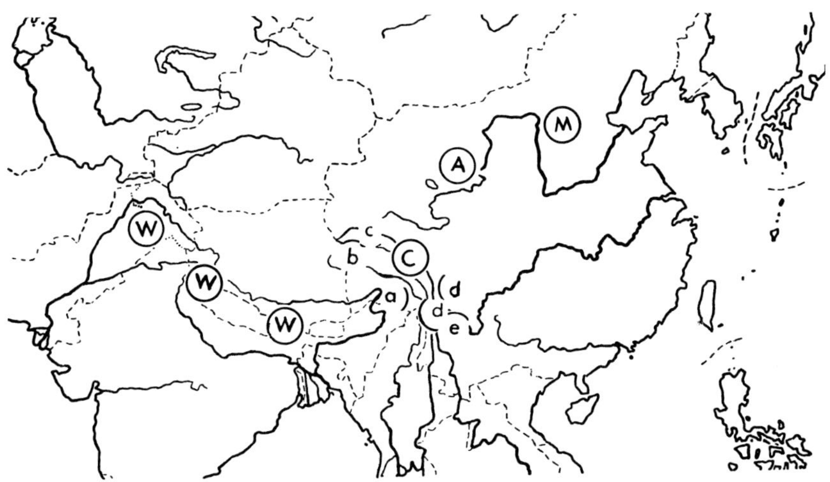

Verbreitung der Ohrfasanen und des Wallich-Fasans

C Weißer Ohrfasan *(Crossoptilon crossoptilon)*

Unterarten:

b *Crossoptilon crossoptilon drouynii*

c *Crossoptilon crossoptilon dolani*

d *Crossoptilon crossoptilon crossoptilon*

e *Crossoptilon crossoptilon lichiangense*

a Tibetischer Ohrfasan *(Crossoptilon harmani)*

A Blauer Ohrfasan *(Crossoptilon auritum)*

M Brauner Ohrfasan *(Crossoptilon mantchuricum)*

W Wallich-Fasan *(Catreus wallichii)*

sind braun, die Flügeldecken und Armschwingen purpurn schimmernd, Unterrücken, Bürzel und Oberschwanzdecken silberweiß. Der aus 22 Federn bestehende Schwanz ist mattweiß, an der Spitze bräunlich schwarz, purpurblau schimmernd. Die innersten Schwanzfedern haben haarartig stark zerschlissene Fahnen mit verlängerten, herabgebogenen Strahlen und spatenförmigen Spitzen.

Die Art lebt in den Bergen des nordöstlichen China, besonders in Nordwest-Shansi, früher auch im Gebiet von Tschili, wo sie aber heute wohl ganz ausgerottet ist. Auch sonst ist die Art schon sehr selten geworden. In der Mandschurei hat dieser sogenannte „mandschurische" Ohrfasan trotz dieser Bezeichnung bei seinem wissenschaftlichen Namen nie gelebt.

Ohrfasanen sind beliebte Pfleglinge unserer Fasanerien. Große bepflanzte Gehege mit 40 bis 60 m^2 Grundfläche sind erforderlich. Da Ohrfasanen sehr standorttreu sind, ist ein Freilauf im Garten nach einer Eingewöhnungszeit durchaus möglich. Als Bewohner hochalpiner Gebirge sind alle Ohrfasanenarten gegen stauende Nässe des Untergrundes empfindlich, daher ist für eine gute Drainage des Volierenbodens zu sorgen. Zur Übernachtung reicht ein trockener Schutzraum völlig aus. In Mitteleuropa sind alle Ohrfasanen vollständig winterhart.

Als Futter wird ein übliches Fasanenmischfutter mit ganzjährig hohem Anteil Grünpflanzen und Wurzelgemüse verabreicht. Die Zucht ist in der Regel nur paarweise möglich. Die Küken sind außerordentlich frohwüchsig und nach fünf Lebensmonaten ausgewachsen und ausgefärbt. Die Zuchtfähigkeit erreichen die Tiere im 2. Lebensjahr.

In den letzten drei Jahrzehnten wurden mehrfach Ohrfasanen aus ihrer Heimat China nach Europa und den USA importiert, sodass zwischenzeitlich von allen drei Arten reinblütige Stämme aufgebaut werden konnten; umso mehr ist darauf zu achten, das noch vorhandene Bastardpotenzial zu merzen.

Wallich-Fasanen *(Catreus)*

Bei den Wallich-Fasanen handelt es sich um eine monotypische Gattung.

Wallich-Fasan *(Catreus wallichii)*

Schutzstatus nach WA: Anhang I EG A

Trotz der unscheinbaren Gefiederfärbung ist der Wallich-Fasan ein ungemein interessanter Vogel, dessen Haltung zu empfehlen ist. Er nimmt eine eigene Stellung ein, weist aber auch Beziehungen zu den echten Fasanen sowie den Gattungen *Lophura, Crossoptilon, Pucrasia* und *Lophophorus* auf.

Beide Geschlechter sind einander ähnlich und haben auf dem Kopf eine wallende Haube aus langen, haarartig zerschlissenen Federn, deren Spitzen leicht vorwärts gebogen sind. Der aus 18 Federn bestehende Schwanz ist gestuft und wird flach getragen. Der im Gegensatz zu der Henne gespornte Hahn ist an Scheitel, Haube und Gesicht bräunlich mit dunkleren Federmitten und -spitzen, an der Oberseite hellbraungelb und grau, an der Kehle grauweiß, während Hals, Vorderrücken und Flügeldecken grauweiß bis bräunlich gelb und schwarz quer gebändert sind. Der rotbraune Bürzel hat kurze, schwarze, leicht glänzende Binden, die Bauchmitte ist schwarz. Die Körperseiten sind weiß bis blass bräunlich gelb mit schwarzen Querbinden, die Schwanzfedern blassgelbbräunlich mit schwarzfleckigen Binden.

Bei der Henne sind Kopf und Hals blassgelbbräunlich mit schwarzer Strichelung, die Kehle ist gelbbräunlich weiß, der Kropf schwarz mit weißen Säumen, der Unterkörper gelbbraun mit rötlicheren Flecken, die Oberseite gelbbraun, auf Vorderrücken und Nacken rostbraun, überall dicht schwarz gefleckt und mit blassgelblich bräunlichen Schaftstrichen gezeichnet. Die Haube ist bei ihr kleiner und weniger zerschlissen als beim Hahn.

Beim Wallich-Fasan (Catreus wallichii) sind beide Geschlechter ähnlich gefärbt.

Der Wallich-Fasan ist ein Gebirgsvogel, der im Himalaja von Kaschmir bis Nepal und Sikkim in Höhen von 1300 bis 3300 m vorkommt und nur im Winter tiefer hinabsteigt. Er nistet im April bis Juni in Höhen von 1700 bis 3000 m. Das Nest wird am Boden unter einem Strauch oder Stein errichtet.

Der Wallich-Fasan lebt in Einehe; der Hahn beteiligt sich auch an der Aufzucht der Jungen. Der Wallich-Fasan bevorzugt öde, steile Hänge mit zerrissenen Felswänden, umherliegenden Felsblöcken und mit lichten verkümmerten Waldungen von Latschen und anderen zwerghaften Gehölzen. Hier tritt er wohl auch in Gruppen von sechs bis 15 Stück auf.

Aufgescheucht laufen und fliegen die Vögel schnell und eilig bergab. Sie sind sehr laut und ruffreudig und erinnern darin stark an die Ohrfasanen. Man kann ihre Rufe mit „tschirr e pir – tschirr e pir – tschirr, tschirr, tschirrtjatschira“ wiedergeben. Auch ein leises „wääk äk wääk wäk“ sowie einen Warnruf „tok tok“ lassen sie hören.

Die Nahrung besteht hauptsächlich aus Wurzeln, Knollen, Zwiebeln und Insektenlarven, die sie ähnlich den Glanzfasanen mit ihrem kräftigen, stark gebogenen Grabschnabel aus dem Boden wühlen. Daneben werden auch verschiedene Sämereien, Beeren und vieles mehr verzehrt, während Gras und Blätter verschmäht oder nur selten genommen werden. Auch Wasser wird scheinbar nur wenig getrunken.

Die Balz ist eine echte Seitenbalz, ohne Aufrechthaltung des Körpers und Flügelschwirren. Auch darin ähneln die Wallich-Fasanen den Ohrfasanen. Die acht bis zwölf hühnereiähnlichen Eier sind nicht gefleckt oder nur am stumpfen Ende etwas rotbraun punktiert und messen durchschnittlich 53 x 39 mm. Das Nest wird am Boden angelegt. Als ausgesprochene Bodenvögel baumen die Wallich-Fasanen fast niemals auf und ruhen auch nachts am Boden.

In menschlicher Obhut sind sie als Gebirgsvögel wetterhart und kältefest und brauchen nur einen offenen, ungeheizten Schuppen als Unterkunft. Doch müssen sie unbedingt Schutz vor Feuchtigkeit und Regen, aber auch vor praller Sonnenhitze haben. Der Auslauf muss einen gut drainierten, trockenen Boden haben, der besonders längs des Gitters mit einem Sandstreifen versehen sein sollte. Auch einige große Steine zum Aufsitzen und schattige Schlupfwinkel dürfen nicht fehlen.

Bei großer Feuchtigkeit leidet der Wallich-Fasan schnell an Diphtherie.

Die Ernährung entspricht der der anderen Fasanen, doch sollte die Futtermischung ganzjährig einen hohen Anteil verschiedener Wurzelgemüse und einen Eiweißanteil von etwa 25 % aufweisen.

Kleinen Vögeln in der Voliere werden die Wallich-Fasanen leicht gefährlich. Prachtfinken und andere Arten werden erhascht und verschlungen. Am besten hält man die Wallich-Fasanen paarweise, da sie ja in Einehe leben. In der Fortpflanzungszeit muss man aber die Vögel zeitweise in zwei benachbarte Gehege setzen, um die Henne vor dem allzu stürmischen Hahn zu schützen. Auch sollte man der Henne im gemeinsamen Gehege genügend Ausweich-, Flucht- und Versteckmöglichkeiten bieten.

Bei einer Neuzusammenstellung der Paare ist ebenfalls Vorsicht geboten, da hierbei schon häufig der Hahn von der Henne getötet wurde. Man hält daher die beiden Vögel erst mehrere Tage in zwei benachbarten Volieren, von denen aus sie sich gegenseitig sehen und sich langsam aneinander gewöhnen können.

In der Gefangenschaft legt die Henne acht bis 15 Eier, die 26 Tage bebrütet werden. Die Jungtiere sind sehr frohwüchsig, benötigen aber abwechslungsreiche, gehaltvolle Nahrung und reichlich Auslauf, da sie ansonsten leicht zu Federfressen, ja selbst zu Kannibalismus neigen.

Der Wallich-Fasan gilt im Freiland als vom Aussterben bedroht. Auf Initiative der WPA wurden in Zusammenarbeit mit dem Forest und Wildlife Department Pakistan mehrjährige Wiederausbürgerungsversuche im Margallah Hills National Park nahe der Hauptstadt Islamabad durchgeführt. Für dieses Programm wurden von 1978 bis 1991 etwa 6.000 Wallich-Fasaneneier nach Pakistan per Luftfracht geschickt. Die Hauptlieferanten dieser Bruteier waren WPA-Mitglieder aus Benelux und England. Insgesamt 2.500 Küken schlüpften, von den 940 aufgezogenen Jungtieren wurden schließlich 700 Tiere im Nationalpark freigelassen.

Dieses leider unbefriedigende Aufzuchtergebnis hatte verschiedene Ursachen. Anfängliche Kunstbrut brachte wegen der unregelmäßigen Stromversorgung große Ausfälle, die Ammenbrut mit Hühnerglucken prägte die jungen Fasanen zu sehr auf ihre Ammen. Naturbrut mit gelieferten Zuchtpaaren brachte einige Ergebnisse, aber offensichtlich waren die Standorte der Aufzuchtvolieren im Gelände ungünstig gewählt, sodass auch bei dieser Methode hohe Verluste durch natürliche Feinde und vor allem Krankheiten auftraten.

Im Ergebnis dessen ist man nach einer Freilandstudie in Indien zu der Überzeugung gekommen, dass Wallich-Fasanen ganz bestimmte Habitatanforderungen, nämlich lichte, offene Waldgebiete mit etwas Unterwuchs, bestehend aus Krüppelholz und Grasbülten, benötigen. Früher entsprachen die Margallah Hills diesem Vegetationsbild. Nach Einrichtung des Nationalparks wurde jegliche Nutzung in bester Absicht untersagt, sodass der Wald sich regenerierte. Da auch die Jagd verboten wurde, vermehrten sich die natürlichen Feinde der Fasanen und der Misserfolg war vorprogrammiert.

Mögen diese negativen Erfahrungen dazu beitragen, dass andere Auswilderungsvorhaben der WPA umfassender vorbereitet werden und auch die Wallich-Fasanen eine neue Chance bekommen.

2004 hat sich die Nationalpark- und Forstverwaltung des nordindischen Bundesstaates Himachal Pradesh zu Erhaltungsprojekten für seine bedrohten Fasanenarten, zu denen auch der Wallich-Fasan gehört, verpflichtet.

In Indien werden nur wenige dieser Tiere in Gehegen gehalten, da Privatbesitz von Wildtieren per Gesetz verboten ist.

Die WPA ist beauftragt, per DNA-Untersuchung auch bei in Europa gehaltenen Wallich-Fasanen abzuklären, ob einige Tiere als Gründerbestand für das Wiedereinbürgerungsprojekt in Himachal Pradesh Verwendung finden können.

Wenn wir ehrlich sind, müssen wir zugeben, nichts über die Abstammung der gegenwärtig in Europa gehaltenen Wallich-Fasanen zu wissen. Man nimmt an, dass der größte Teil des Gehegebestands in Europa von acht Paaren abstammt, die in den 1930er-Jahren über Kalkutta importiert wurden.

Auch die Fasanerie Erfurt beteiligt sich an diesem Projekt, welches auch der Erhaltungszucht von Wallich-Fasanen in Europa zugute kommt.

Langschwanzfasanen *(Syrmaticus)*

Trotz äußerer Ähnlichkeit mit den Edelfasanen sind die Langschwanzfasanen mit diesen nicht näher verwandt. Das beweisen auch die verschiedenen Kreuzungsversuche, die unfruchtbare oder nur teilweise fruchtbare Bastarde zwischen den Arten der beiden Gattungen ergaben.

Den Langschwanzfasanen wie diesem Königsfasan fehlen die „Ohrbüschel".

Auch äußerlich sind Unterschiede zu erkennen. So fehlen den Langschwanzfasanen die für die Gattung *Phasianus* kennzeichnenden sogenannten „Ohrbüschel" an den Kopfseiten. Alle Kopffedern sind normal und kurz. Die Bürzelfedern sind nicht zerschlissen, sondern abgerundet oder viereckig. Der aus 16 bis 20 Federn bestehende Schwanz ist, namentlich beim Königsfasan, ungemein lang und zeigt eine kennzeichnende Querbänderung. Die nackten, roten Gesichtsfelder sind nur wenig entwickelt, beim Königsfasan nur ganz klein. Fünf Arten, die einander verhältnismäßig nicht allzu nahe stehen und nur zum Teil miteinander fruchtbare Mischlinge ergeben, indem die Hennen meist unfruchtbar sind, bilden diese Gattung.

Königsfasan *(Syrmaticus reevesii)*

Am längsten bekannt und am häufigsten gehalten, hier und da auch als Federwild versuchsweise ausgesetzt, ist der prächtige Königsfasan aus dem mittleren und nördlichen China.

Der Hahn ist am Scheitel, mit einem kleinen Fleck unter dem Auge, sowie an Kinn, Kehle, Hals und Genick reinweiß ist. Ein breites, schwarzes Band zieht sich über Stirn, Zügel, Wangen, Ohrdecken, Augenbrauen und Nacken hin. Das

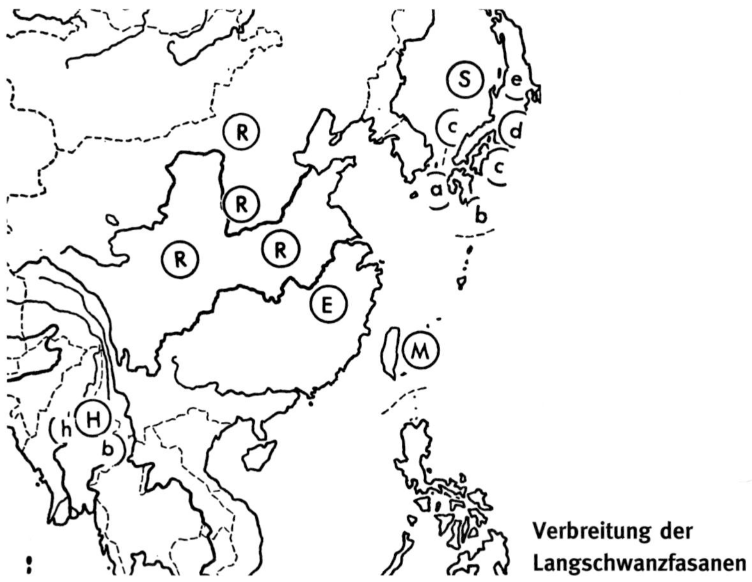

Verbreitung der Langschwanzfasanen

R Königsfasan *(Syrmaticus reevesii)*
E Elliot-Fasan *(Syrmaticus ellioti)*
H Hume-Fasan *(Syrmaticus humiae)*
h *Syrmaticus humiae humiae*
b Burmafasan *(Syrmaticus humiae burmanicus)*
M Mikado-Fasan *(Syrmaticus mikado)*
S Kupferfasan *(Syrmaticus soemmerringii)*

a *Syrmaticus soemmerringii soemmerringii*
b *Syrmaticus soemmerringii ijimae*
c *Syrmaticus soemmerringii intermedius*
d *Syrmaticus soemmerringii subrufus*
e *Syrmaticus soemmerringii scintillans*

Gesicht ist bis auf einen kleinen, nackten, roten Fleck hinter dem Auge im Gegensatz zu den anderen Arten und auch den *Phasianus*-Arten vollständig befiedert. Mantel, Rücken, Bürzel und Oberbrust sind lebhaft ockergelb mit schwarzen Federsäumen und sehen dadurch geschuppt aus. Die weißen Flügeldecken haben breite, schwarze Säume, die rotbraunen Unterbrustfedern weiße, schwarz umsäumte und mit einem schwarzen Mittelteil versehene Flecken. Der Unterkörper ist in der Mitte schwarz, an den Seiten rotbraun, die ockergelben Weichen haben schwarze oder rotbraune Federsäume. Die ungemein langen, 100 bis 160 cm messenden Schwanzfedern sind in der Mitte weiß mit schwarzen Querbinden, an den Seiten gelbbraun.

Ein Königsfasan-Hahn.

Eine Königsfasan-Henne.

Die Henne ist bräunlich ockergelb, die Scheitelmitte und beidseits ein breiter Ohrstreif sind dunkelbraun. Breite Augenbrauen, Gesichtsseiten, Zügel, Kinn, Kehle und Hals ringsum sind hellockergelblich. Auf dem schwarz und dunkelrotbraun gemischten Nacken sind pfeilförmige, große, weiße Abzeichen. Auf den graubraun, weiß und ockergelblich gesprenkelten Flügeldecken fallen große, schwarze Flecken mit hellen Schaftstrichen auf.

Sömmering- oder Kupferfasan *(Syrmaticus soemmerringii)*

Die Nominatform ***S. s. soemmerringii*** lebt auf der japanischen Insel Kiusiu mit Ausnahme des Südostens. Der Hahn ist an Kopf, Hals und Oberseite kupferig kastanienrotbraun, zum Teil mit schwarzen Flecken und mit kupferrot schimmernden, fast goldglänzenden Federrändern an Brust, Rücken und den Seiten des Unterrückens versehen. Die mittleren Schwanzfedern sind sehr lang (65 bis 98 cm), dunkelkastanienbraun, mit neun bis 14 schwarzen, nach der Wurzel zu gelblich weiß geränderten Querbinden. Die nackte, rote Gesichtshaut ähnelt in der Ausdehnung der des Edelfasans.

Die Henne ist der des Edelfasans ähnlich, unterseits etwas heller, oberseits durch schwarze Flecken und weißliche Querbinden auf Schultern und Flügeln und weißliche Schaftstriche gekennzeichnet.

Im Südosten von Kiusiu lebt die Unterart ***S. s. ijimae***, auch als **Weißbürzel-Sömmering-Fasan** bezeichnet. Der Hahn fällt durch breite, seidenweiße Säume an den Rücken- und Bürzelfedern und weiße Ränder an den Oberschwanzdecken auf.

Die an der südlichen Ostküste der japanischen Insel Hondo lebende Unterart ***S. s. subrufus*** ist im Hahnengefieder heller, weniger rot als die vorigen; auch die mittleren Schwanzfedern sind heller.

Die Unterart ***S. s. intermedius*** kommt in Shikoku und Nordwest-Hondo vor. Der Hahn ist noch heller.

Am hellsten gefärbt ist der Hahn von ***S. s. scintillans*** von Nord- und Mittel-Hondo, bei dem die Federn der Flügeldecken, des Unterrückens und Bürzels breit weiß und die des Bauches rötlich weiß gesäumt sind. Auch die Brustfedern sind weißgrau gesäumt. Die mittleren Schwanzfedern lassen auf rötlich weißem Grund sieben bis 14 schmale schwarze und breite rotbraune Binden erkennen. Auch die Henne ist heller.

Elliot-Fasan *(Syrmaticus ellioti)*

Schutzstatus nach WA: Anhang I EG A

Ein ungemein schöner und eigenartig gefärbter Vogel ist der Elliot-Fasan aus dem östlichen China südlich des Jangtsekiang. Bei dem Hahn ist der Oberkopf grau mit bräunlichem Anflug, die Augenbrauen sind blasser grau, Stirn,

Die Nominatform des Sömmering-Fasans Syrmaticus soemmerringii soemmerringii.

Typisch für den Weißbürzel-Sömmering-Fasan sind die weißen Säume an den Rücken- und Bürzelfedern.

Syrmaticus soemmerringii scintillans ist die am hellsten gefärbte Unterart des Sömmering-Fasans.

Kehle und Mitte des Unterhalses mattschwarz, die Halsfedern und der Nacken weißlich silbergrau, nach unten zu heller silberweißlich, am Hinterhals etwas dunkler. Wangen und Ohrdecken sind graubräunlich. Der Hals wird unten von einem schwarzen Ring umsäumt. Vorderrücken, Kropf, Brust und Flügel sind leuchtend rotbraun, schwarz gefleckt und mit kupferrot glänzenden Federsäumen geziert. Ein weißes, schwarz geflecktes Schulterband und ein lebhaft stahlblau glänzendes Band auf den kupferrotbraunen Flügeldecken fallen besonders auf.

Ein Paar des Elliot-Fasans Syrmaticus ellioti.

Die großen, kupferbraunen Flügeldecken haben breite, weiße Säume und schwarze Binden vor diesen. Hierdurch sowie durch die schwarz-weiße Säumung der Armschwingen entstehen zwei Flügelbinden. Der Bauch ist weiß, an den Seiten zum Teil breit schwarz gebändert. Der aus 16 Federn bestehende Schwanz ist hellgrau mit rötlich braunen, zur Wurzel hin schwarz gesäumten Querbinden.

Die Henne ist der des Kupferfasans ähnlich. Die Schwanzfedern, deren mittleren rotbraun sind, tragen schwarze Querbinden vor den weißen Endsäumen. Sonst ist die Henne oberseits braun mit schwarzen, durch weiße Schaftstriche geteilten Flecken, unterseits heller mit weißen Federsäumen, die nach hinten breiter werden und in die weiße Bauchfärbung übergehen.

Hume-Fasan *(Syrmaticus humiae)*

Schutzstatus nach WA: Anhang I EG A

Die Nominatform ***Syrmaticus humiae humiae*** stammt aus den Gebirgen von Nord-Burma und Manipur. Beim Hahn sind Kehle, Hals und oberste Brustregion schwarz, der Bauch und die Weichen tiefkastanienbraun und der Schwanz ist dunkler grau mit schwarzen und dunkelrotbraunen Binden. Der Scheitel ist grünlich braun, der Hals schwarz mit stahlblauen Federsäumen und purpurglänzenden Flecken vor diesen. Die schwarzen Abzeichen auf den Flügeln haben einen gräulichen Ton und die Federn auf Unterrücken und Bürzel sind stahlblau mit schmalen, weißen Säumen. Die Henne ist der vorigen Art sehr ähnlich, nur blasser und ohne Schwarz an der einfarbig braunen Kehle.

In den Bergen von Nord-Burma der Schan-Staaten, von Nord-Thailand und Südwest-Yünnan tritt die Unterart ***S. h. burmanicus*** an die Stelle der Nominatform, deren Hahn sehr ähnlich ist. Doch ist die stahlblaue Färbung der Oberseite etwas dunkler, mehr purpurn und reicht an der Oberbrust und am Rücken weniger weit. Unterrücken und Bürzel sind tiefschwarz, nicht bläulich und haben breitere, weiße Federsäume.

Die Nominatform des Hume-Fasans Syrmaticus humiae humiae.

Mikado-Fasan *(Syrmaticus mikado)*

Schutzstatus nach WA: Anhang I EG A

Früher wohl auch in einer besonderen Untergattung *Cyanophasis* abgetrennt, gehört der auf der Insel Taiwan (früheres Formosa) im Gebirge lebende Mikado-Fasan, unbedingt auch zur selben Gattung wie die vorherigen Arten. Er ist nichts weiter als eine durch das ozeanfeuchte Inselklima seiner Heimat melaninreich gewordene Form. Man kann in der im Ganzen ziemlich einheitlich purpurblauen Färbung des Gefieders mit den schwarzen Mittelflecken und stahlblauen Federsäumen, die auf den Flügeldecken mehr erzgrün glänzen, deutlich dasselbe Zeichnungsmuster erkennen, da unter anderem auch die beiden kennzeichnenden weißen Flügelbinden, die weiße Säumung der Unterrücken- und Bürzelfedern und die weißen Querbinden auf den Schwanzfedern genau den entsprechenden Zeichnungsbestandteilen des Elliot- und Hume-Fasans gleichen.

Der Mikado-Fasan Syrmaticus mikado.

Der Mikado-Fasan sieht aus, als sei ein Hume- oder Elliot-Fasan in blaue Farbe getaucht worden, wobei nur die weißen Bindenzeichnungen auf Flügeln und Schwanz ungefärbt blieben. Auch die Henne ist den Hennen der beiden anderen Arten sehr ähnlich, nur im Ganzen dunkler.

Die Langschwanzfasanen bewohnen Gebirgswaldungen mit Laub- und Nadelholz, auch Bambusgestrüpp in verschiedenen Höhen. Der Königsfasan ist zwischen 330 und 2000 m Höhe anzutreffen.

Ein Hahn (oben) und eine Henne (unten) des Mikado-Fasans.

Ihre Nahrung besteht aus Sämereien, jungen Schossen, Knospen, Beeren und Früchten von rosenartigen Gewächsen, Steinmispeln, Ebereschen, Felsenbirnen und so weiter, auch Eicheln, Würmern, Schnecken und Insekten aller Art. Sie halten sich besonders in lichten Wäldern auf, treten aber nicht wie die *Phasianus*-Formen in das offene Grasland hinaus. Da sie in der Hauptsache im gemäßigten Klima leben, vertragen sie auch unser Klima gut und sind widerstandsfähig und ausdauernd.

Königs-, Elliot- und Mikado-Fasanen sind gute Zuchttiere und werden gern in Fasanerien gehalten. Auch der Kupferfasan wurde und wird öfter gehalten und gezüchtet, doch ist er wegen seiner Unverträglichkeit nicht beliebt. Die Hähne dieser Art sind ungemein temperamentvoll, verfolgen, misshandeln und töten häufig die Hennen. Diesen muss man daher viele Schlupfwinkel, Ausweichstellen, Versteck- und Fluchtmöglichkeiten bieten und auch Sitzstangen in größerer Höhe anbringen, die für die durch das Stutzen der Innenfahnen der Handschwingen fluggehinderten Hähne nur schwer erreichbar sind.

Am besten bietet man dem Paar zwei getrennte benachbarte und durch eine Tür verbundene Volieren mit entsprechenden Schutzhütten, lässt die Vögel in der Brutzeit nur zeitweise unter strenger Aufsicht und jederzeit gegebener Eingriffs-

Hume-Fasanen werden in Menschenobhut erfolgreich gezüchtet.

möglichkeit zusammen und trennt sie nach dem Tretakt sofort wieder. Auch die Hennen sind untereinander unverträglich, verfolgen und töten sich auch häufig. Mehrere Hennen einem Hahn zu geben ist ebenfalls unzweckmäßig, da der Hahn nur eine Henne als Gattin anerkennt. Doch gibt es auch in dieser Hinsicht Ausnahmen.

Hume-Fasanen wurden 1961 erstmals nach Europa importiert und seitdem ergiebig gezüchtet. Sie sind nicht kälteempfindlich. Der Königsfasan ist wohl am widerstandsfähigsten. Obwohl auch er in der Freiheit monogam lebt, gibt man ihm in der Voliere seines Temperamentes wegen meist zwei bis drei Hennen. Dasselbe gilt für den Elliot- und Mikado-Fasan. Doch muss man bei diesen Arten in Bezug auf Verträglichkeit vorsichtig sein, da sie manchmal dem Kupferfasan hierin ähneln und daher wie dieser behandelt werden müssen.

Edelfasanen *(Phasianus)*

Der bekannte, in den Volieren der Liebhaber häufig gehaltene und in Tiergärten viel gezeigte Edelfasan der Gattung *Phasianus*, der auch zur Bereicherung unseres Federwildes in Europa und anderswo vielfach eingebürgert wurde, kommt in einer ungemein großen Anzahl von geografischen Unterarten vor, von denen einige bei uns in Gefangenschaft häufiger gepflegt werden, zum Teil aber auch zur vermeintlichen „Aufbesserung“ der Wildfasanenbestände leider häufig mit der zuerst eingeführten und eingebürgerten Nominatform gekreuzt wurden.

Die Gattung unterscheidet sich von den Verwandten hauptsächlich dadurch, dass der aus 18 Federn bestehende Schwanz bei dem Hahn an den mittleren verlängerten Paaren zerschlissene Säume hat. Auch die Bürzelfedern sind an der Spitze haarartig zerschlissen und an den Seiten des Kopfes befinden sich beidseits Büschel von etwas verlängerten Federn, die sogenannten „Ohr-Federn“. Die Kopfseiten sind nackt, rot und mit kleinen, befiederten Fleckchen und Streifen besetzt. In der Fortpflanzungszeit schwillt diese Haut zu überstehenden Lappen an. Die Läufe des Hahns tragen Sporen.

Die Nominatform des Edelfasans Phasianus colchicus colchicus.

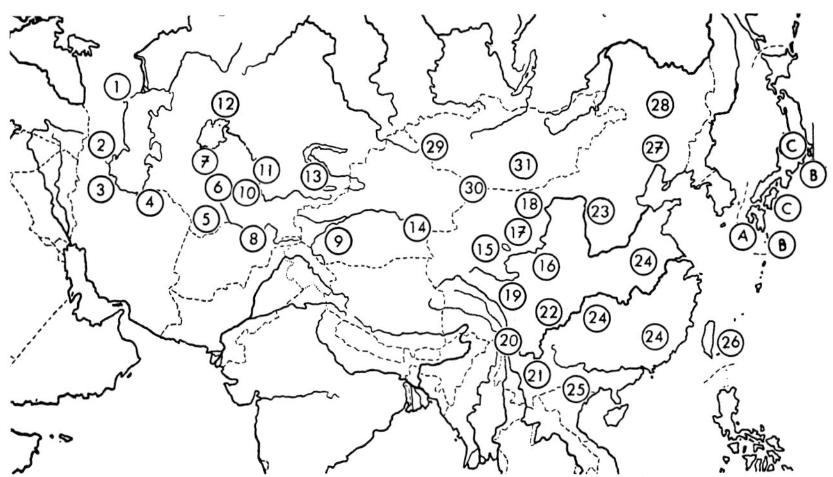

Verbreitung der Edel- und Buntfasanen

1 bis 31 Edelfasanen
(Phasianus colchicus)
Unterarten:

1 *septentrionalis*
2 *colchicus*
3 *talischensis*
4 *percicus*
5 *principalis*
6 *zarudnyi*
7 *chrysomelas*
8 *bianchii*
9 shawi
10 *zerafschanicus*
11 *turcestanicus*
12 *bergii*
13 *mongolicus*
14 *tarimensis*
15 *vlangalii*
16 *strauchi*
17 *sohokotensis*
18 *alaschanicus*
19 *suehschanensis*
20 *elegans*
21 *rothschildi*
22 *decollatus*
23 *kiangsuensis*
24 *torquatus*
25 *takatsukasae*
26 *formosanus*
27 *karpowi*
28 *pallasi*
29 *hagenbecki*
30 *satscheuensis*
31 *edzinensis*

A bis C Buntfasanen
(Phasianus versicolor)
Unterarten:

A *versicolor*
B *tanensis*
C *robustipes*

Edelfasan *(Phasianus colchicus)*

Die verschiedenen Unterarten der Edelfasanen lassen sich in einige Gruppen teilen. Die erste ist die der schwarzhalsigen Formen, zu der namentlich die Nominatform ***Phasianus colchicus colchicus*** gehört, welche in Transkaukasien zu Hause ist und dann in fast ganz Europa, später auch in Amerika, Neuseeland und anderen Ländern eingeführt und als Jagdwild eingebürgert wurde.

Bei dieser Unterartengruppe sind Unterrücken und Bürzel vor allem rotbraun, die Flügeldecken braun bis braungelb, der Kopf ist lebhaft glänzend bräunlich grün. Der Oberhals ist besonders bei der Nominatform schwarzgrün, vorn und an den Seiten metallisch blau schimmernd, der Unterhals rötlich orange, vorn bronzeglänzend. Brust und Seiten sind bräunlich gelb mit blauschwarzen Federsäumen. Die Mitte der Unterbrust ist dunkelbraun mit grünem Glanz, der Vorderrücken gelblich rot, die Federn mit länglichem, schwarzem Mittelfleck und Endsaum. Die Schulterfedern sind braunrot mit kleinem, schwarzem Spitzenfleck, Unterrücken, Bürzel und Oberschwanzdecken kupferrot mit grüner Beimischung. Die hellbraunen Schwanzfedern haben unregelmäßige schwarze Binden und dunkelrotbraune Längsstreifen; die größeren der zimtbraunen Flügeldecken haben kupferrote Säume an den Seiten.

Der Nordkaukasische Edelfasan Phasianus colchicus septentrionalis.

Die Henne ist gelblich hellbraun, dunkel gewellt und schwarz gefleckt, am Hinterhals rötlich schimmernd.

Mehr oder minder ähnlich sind sich die hierher gehörenden Unterarten:

Ph. c. septentrionalis vom nördlichen Vorland des Kaukasus und der Nordwestküste des Kaspischen Meeres

Der Persische Edelfasan Phasianus colchicus persicus.

Ph. c. talischensis aus dem Tiefland der südwestlichen und südlichen Küste des Kaspischen Meeres

Ph. c. persicus von der Südostküste dieses Meeres

Ph. c. persicus leitet schon zu der zweiten Gruppe der weißflügeligen Unterarten über, bei denen Unterrücken und Bürzel vor allem rötlich braun, die Flügeldecken meistens weißlich und die Federn der Oberseite bis orangerötlich sind.

Hierher gehört ***Ph. c. principalis*** vom südlichen Turkmenistan und nordwestlichen Afghanistan, bei dem der Hahn einen grünen Scheitel, kastanienbraune Kehle, breite, purpurbraune Federsäume an der Brust und einen braunen Unterkörper hat.

Der Zarudnyi-Edelfasan Phasianus colchicus zarudnyi.

Weiterhin zählen hierzu:

Ph. c. zarudnyi vom mittleren Amu-Darja an der Grenze von Turkmenistan und Usbekistan

Ph. c. chrysomelas aus dem Deltagebiet des Amu-Darja im Gebiet der Karakalpaken

Ph. c. bianchii vom oberen Amu-Darja an der Grenze von Nordost-Afghanistan und Tadschikistan

Ph. c. shawi aus dem südwestlichen Sinkiang, an den Flüssen Tarim, Jarkand und Aksu

Ph. c. zerafschanicus aus Serafschan zwischen dem Amu-Darja und Syr-Darja

Der Chiwa-Edelfasan Phasianus colchicus chrysomelas.

Die zu der dritten Gruppe gehörenden Formen der kirgisischen Fasanen haben hauptsächlich rötlich braune Unterrücken und Bürzel sowie weiße Flügeldecken. Die Oberseite ist kupferrot mit grünem Schimmer. Hierher gehört der zu Beginn des Jahrhunderts importierte und auch in die Bestände der Wildfasanen eingekreuzte sogenannte „Mongolische" Ringfasan, ***Ph. c. mongolicus***, der aber gar nicht in der Mongolei, sondern im südöstlichen Kasachstan, südlich und östlich des Balkasch-Sees, zu Hause ist.

Der Tadschikische Edelfasan Phasianus colchicus bianchii.

Der Mongolische Edelfasan Phasianus colchicus mongolicus.

Kopf und Hinterhals des Hahns sind hier grün, Kehle und Vorderhals purpurn kastanienrotbraun. Ein weißer, breiter, vorn weit offener Ring umgibt den Hals. Die Oberseite ist dunkelkupferrot, stark bronzegrün schimmernd. Die Flügeldecken sind weiß mit dunkelroten Zeichnungen. Der kastanienbraune Schwanz hat schmale, schwarze Binden und purpurrötlichen Schimmer. Die Brust ist purpurrotbraun mit starkem Grünschimmer, die Körperseiten sind leuchtend kupferrot mit schmalen, dunkelblauschwarzen Binden und Säumen. Der Unterleib ist schwarz mit grüner und purpurrötlicher Einfassung.

Zu dieser Gruppe gehören weiterhin die mehr oder minder recht ähnlichen Unterarten ***Ph. c. turcestanicus*** aus dem Gebiet des Syr-Darja im südlichen Kasachstan und ***Ph. c. bergii*** von den Inseln im nördlichen Aral-See.

Ph. c. tarimensis ist dagegen als Vertreter einer eigenen, nur aus dieser Unterart bestehenden Gruppe anzusehen. Diese in Mittel-Sinkiang, also im Flussgebiet des Tarim und Tschertschen und im Gebiet der Seen Bagratsch-Kul und Lob-Nor lebende Unterart hat im Hahnengefieder einen bronzegrünen Kopf, blauen, hinten grün schillernden Hals, eine goldorangefarbene Oberseite, einen olivgelblichen Unterrücken und Bürzel, hellsandbraune bis gräuliche Flügeldecken und eine dunkelblaugrüne, ins Purpurkupferrote ziehende Oberbrust, die an den Federenden wie auf dem Mantel kleine, schwarze Tupfen aufweist. Die Körperseiten sind kupferorangefarben mit kleinen, dunklen Flecken; Mittelbrust und Bauchseiten sind tiefblau.

Der Chinesische Ringfasan Phasianus colchicus torquatus.

Den Schluss bilden die graubürzeligen Unterarten mit grünlichem Unterrücken und graugrünlichem oder bläulich grünem Bürzel. Die bekannteste, seit Langem importierte, als Jagdwild eingebürgerte und mit der Nominatform wahllos gekreuzte Unterart ist der sogenannte **Chinesische Ringfasan *(Ph. c. torquatus)*** dessen Heimat der größere Teil Chinas ist, von Schantung im Norden bis Kwangtung im Süden.

Der Hahn dieser Form hat einen vorn offenen weißen Halsring. Der Oberrücken und Mantel sind hellgoldgelb, die Schultern kastanienrotbraun. Die Brustmitte ist leuchtend purpurbraunrot, an den Seiten heller, die Körperseiten sind blassgelb mit großen, schwarzen Abzeichen, am Hinterleib dunkelblau.

Mehr oder minder ähnlich und mit mehr oder weniger breitem oder schmalem oder auch nur angedeutetem, in einigen Fällen auch ganz fehlendem weißen Halsring sind die in diese Gruppe gehörenden Unterarten:

Ph. c. vlangalii aus dem östlichen Zaidam-Gebiet
Ph. c. strauchi von Kansu und Nordost-Szetschuan
Ph. c. sohokotensis aus dem südlichen Ala-Schan
Ph. c. alaschanicus aus dem östlichen Ala-Schan
Ph. c. suehschanensis von Ost-Tibet und Nordwest-Szetschuan
Ph. c. elegans aus Südwest-Szetschuan
Ph. c. rothschildi aus Ost-Yünnan
Ph. c. decollatus von Ost-Szetschuan
Ph. c. kiangsuensis aus Nord-China, Schansi und den Nachbargebieten
Ph. c. takatsukasae aus Nord-Vietnam und den benachbarten Teilen Süd-Chinas
Ph. c. formosanus von Taiwan (früheres Formosa)
Ph. c. karpowi aus China und Korea südlich des 40. Breitengrades
Ph. c. pallasi aus Südost-Sibirien, Mittel-Mandschurei, Süd-Ussurien und Nord-Korea

Der Mandschurische Edelfasan Phasianus colchicus pallasi.

Der Korea-Edelfasan Phasianus colchicus karpowi.

Ph. c. hagenbecki aus der West-Mongolei

Ph. c. satscheuensis aus West-Kansu nördlich des Nan-Schan

Ph. c. edzinensis aus den Oasen der mittleren Gobi in der Mongolei

Christian Möller hat in den zurückliegenden Jahren vor allem Unterarten dieser Gattung aus dem Verbreitungsgebiet der ehemaligen Sowjetunion erstmals nach Europa importiert und den Züchtern zugänglich gemacht.

Keine geografische Unterart, sondern eine erbliche Farbabänderung, also eine Mutation, ist ***Phasianus colchicus* mut. *tenebrosus***, bei dem der Hahn oberseits vollkommen metallisch grün ist mit Ausnahme der Flügel und des Unterkörpers, die dunkelschwarzolivfarben sind. Auch der Schwanz ist olivbraun mit schwarzen Binden. Brust und Bauchseiten sind purpurblau mit hellen Federschäften. Die Henne ist ganz rußschwarz mit grünem und purpurnem Schimmer an Kopf, Hals, Brust und Mantel.

Buntfasan *(Phasianus versicolor)*

Die Hähne der zuvor beschriebenen Mutation erinnern entfernt etwas an die Nominatform der Buntfasanen, den **Japanischen Buntfasan**, ***Phasianus versicolor versicolor***, dessen Hahn einen dunkelgrünen Oberkopf, metallglänzend dunkelbläulich grün gefärbte Kehle, Brust und Bauch hat, während der Hals purpurviolett schillert und die Schultern kupferfarben, die Oberrückenfedem schwarz mit hellbrauner Zeichnung, Unterrücken und Bürzel sattgrün und die grauen Flügeldecken bläulich, weiter hinten mehr grünlich schimmernd sind. Der grünlich graue Schwanz hat schwarze Querbinden und purpurn schimmernde Säume.

Bei der Henne sind Kinn und Kehle gelblich, während die Allgemeinfärbung ziemlich dunkelgraubraun mit schwarzen Streifen und Säumen ist. Der Mantel zeigt häufig einen metallisch grünen Hauch. Der Schwanz ist rötlich braun mit schwarzer und graugelblicher Bänderung. Der Vogel bewohnt die japanische Insel Kiusiu und die Südspitze von Hondo.

Der Nördliche Versicolor-Fasan Phasianus versicolor robustipes.

Die Unterart ***Ph. v. tanensis*** von den Halbinseln Izu und Miura im mittleren Osten von Hondo, den hier vorgelagerten sogenannten „Sieben Inseln“ und den Inseln Tanega-Shima und O-Shima hat eine mehr purpurn und bläulich glänzende Unterseite und grauere und blauere Färbung an Rücken und Bürzel.

Die Unterart ***Ph. v. robustipes*** aus dem größeren Teil von Hondo und von der Insel Shikoku ist heller mit gräulich bronzegrünem Scheitel und bläulich grauem Bürzel.

Alle Edelfasanen bevorzugen in der Freiheit die offene Landschaft. Besonders die Baumsteppe sagt ihnen zu. Hier schreitet, wie die russische Forscherin Kozlowa anschaulich schildert, der bunt gefiederte Hahn zu Beginn des Frühlings bedächtig und langsam zwischen den Büschen umher, hier und dort etwas Essbares vom Boden aufnehmend. Alle 4 bis 5 Minuten macht er Halt, schlägt aufgerichtet heftig mit den Flügeln, wodurch ein schwirrendes, wie „prrr“ klingendes Geräusch verursacht wird, und ruft zwei- bis dreimal laut und heftig „kö kö-kö“. Dabei wird der Schwanz leicht angehoben und etwas fächerförmig gespreizt, während die Füße unbeweglich bleiben. Kurz darauf wird wieder Futter gesucht. Später im Jahr ruft der Hahn nur alle 10 bis 15 Minuten. Im Sommer, wenn es heiß ist, ertönt der Ruf nur morgens zwischen 6 und 9 Uhr und dann erst wieder spät abends vor Sonnenuntergang, um bis nach Sonnenaufgang auszusetzen. Nebenher lässt der Hahn den ganzen Tag über mit Ausnahme der Ruhezeit leisere Töne wie „ku ku ku ko ko krou“ hören.

Während im Frühjahr der Hahn allein umherlief und die Hennen zu drei bis vier Tieren gemeinsam auf Futtersuche gingen, hält sich jetzt im Frühsommer der Hahn mit einer oder selten auch mit zwei Hennen bis zur Brutzeit zusammen auf. Die Henne antwortet immer nur auf den Ruf des einen ihr angepaarten Hahns mit einem heiseren „kia kia“. Die Gatten erkennen sich an der Stimme und bleiben so mit dem angepaarten Ehepartner in Stimmfühlung. Der Hahn lockt mit einem weichen „kutj kutj kutj“ seine Henne zu einem aufgefundenen Futterbrocken heran. Dann erfolgt die Begattung. Unmittelbar davor schwellen die nackten Hautteile am Gesicht sowie der kleine, nackte, ovale Fleck hinter den Ohrbüscheln an und dehnen sich aus, die Ohrbüschel richten sich auf, werden größer und treten auseinander. Der Hahn umkreist die Henne, den ihr zugekehrten Flügel senkend, seine Federn spreizend und ihn der Henne dicht heranhaltend. Dabei biegt er den Hals, sträubt die Halsfedern und stößt mit geschlossenem Schnabel ein lautes Zischen aus. Das Zittern der Schwanzfedern erzeugt ein vibrierendes Geräusch.

Edelfasanen wie Phasianus versicolor robustipes überzeugen viele Liebhaber durch ihre prächtigen Farben.

Nach der Paarungszeit hält sich der Hahn wieder allein auf und kümmert sich gar nicht um die Brut. Das Nest wird unter einem Busch, Strauch, an einer Grasbülte und Ähnlichem errichtet. Die Brutdauer beträgt 23 Tage, das Gelege besteht aus 15 bis 17 Eiern von durchschnittlich 44 x 35 mm Größe und olivbrauner, helllehmbrauner, graugrüner oder auch blaugrüner Färbung. Die Küken ernähren sich hauptsächlich von Insekten wie Käfern, Heuschrecken, Ameisen, Blattläusen und anderen Kleintieren.

Der Edelfasan lebt in der Freiheit in Einehe, ist aber in menschlicher Obhut und teilweise auch wohl als eingeführter Jagdvogel in der neuen Heimat vielehig geworden. Man gibt in menschlicher Obhut dem Hahn meist vier bis sechs Hennen. Recht lästig sind seine übergroße Scheu und Schreckhaftigkeit, die ihn immer wieder veranlassen plötzlich aufzufliegen und sich an der Decke des Drahtgitters oder der Schutzhütte den Kopf einzurennen, blutig zu schlagen oder sich dabei tödlich zu verletzen. Um das zu verhindern, stutzt man ihm nur den einen Flügel (!), indem man die Innenfahnen der Handschwingen abschneidet, und bringt im Gehege eine nur etwas lose hängende, elastisch nachgebende Gitterdecke und im Innern der Schutzhütte unterhalb der Decke eine lose und nachgiebig gespannte Leinwand oder Zeltbahn an. Vor allem aber muss man die Vögel durch ruhiges, stilles und leises Verhalten als Pfleger allmählich zutraulich und zahm machen und jedes Erschrecken oder Aufscheuchen vermeiden. Im Innern des Auslaufes müssen gerade bei diesen Arten stets mit niedrigen Büschen versehene Plätzchen zum Zurückziehen und Verstecken geschaffen werden.

Kragenfasanen *(Chrysolophus)*

Die liebenswürdigsten, zierlichsten, farbenprächtigsten und daher beliebtesten Insassen unserer Fasanerien sind die Kragenfasanen. Es gibt zwei Arten: den **Goldfasan** und den **Diamant-** oder **Amherstfasan**.

Die 18 Schwanzfedern sind bei diesen Arten sehr lang, schmal, stufig und wie beim Edelfasan gestellt, werden aber steiler dachförmig getragen. Die Läufe sind schlanker und höher als bei den *Phasianus*- und *Syrmaticus*-Arten. Die Geschlechter sind sehr verschieden.

Der Hahn hat eine aus glänzenden, langstrahligen Federn bestehende Haube und einen großen, herabhängenden, aber stark abspreizbaren Kragen aus an der Spitze geraden und breiten, fächerförmigen Federn. Die äußeren Oberschwanzdecken sind stark verlängert und an der Spitze schmal. Der an den Läufen gespornte Hahn legt erst im zweiten Herbst das Prachtkleid an.

Der Goldfasan gehört zu den farbenprächtigsten Vögeln in unseren Fasanerien.

Ein Goldfasan-Hahn (Chrysolophus pictus).

Goldfasan *(Chrysolophus pictus)*

Die Heimat des Goldfasans sind die Gebirge Mittel-Chinas.

Beim Goldfasan-Hahn sind Oberkopf und Haube seidig goldgelb, die Federn des am Hinterkopf entspringenden Kragens lebhaft orangefarben mit breiten, blauschwarzen Endsäumen und ebensolchen zweiten Querbinden dahinter. Der Vorderrücken schimmert goldig metallgrün mit schwarzen Federsäumen. Hinterrücken, Bürzel und Oberschwanzdecken sind tiefgelb, die seitlichen verlängerten und verschmälerten Oberschwanzdecken karminrot. Kropf, ganzer Unterkörper und Schultern sind leuchtend rot, die inneren Armschwingen und -decken stahlblau, die äußeren braun und schwarz gebändert, die Handschwingen braun mit helleren Flecken. Die Schwanzfedern sind braun, an der Spitze einfarbig, im Übrigen unregelmäßig schwarz quer gewellt, die mittleren mit rundlichen, hellbraunen, schwarz umränderten Flecken versehen. Die nackte Haut ums Auge, die Läufe und die Iris sind gelb.

Die Henne ist hellgelbbraun mit dunkelbrauner Bänderung und Wellung, unterseits blasser und weniger stark gebändert. Die Befiederung im Gesicht reicht unmittelbar bis ans Auge.

Der dunenjunge Vogel hat einen hellbraunen Kopf mit einem dunkelbraunen Strich längs der Scheitelmitte und einen Querstreif im Genick und ist unterseits gelblich weiß.

Bei einer im Freiland bisher nicht beobachteten erblichen Farbänderung (Mutation), ***Chrysolophus pictus* mut. *obscurus***, ist der Hahn dunkler, im Gesicht und an der Kehle fast schwarz, seine mittleren Schwanzfedern sind nicht netzartig gezeichnet und mit hellen Rundflecken versehen, sondern schräg wellenförmig gebändert, und die Läufe sind nicht gelb, sondern grünlich braun.

Die Henne ist tiefbraun mit schwarzer Bänderung und das Dunenjunge ist ganz dunkelbraun mit weißer Kehle und ebensolchem Band durch das Auge.

Eine weitere Mutation, den **Lutino-Goldfasan *(Chrysolophus pictus* mut. *luteus)***, verdanken wir der Zucht des bekannten Fasanenzüchters Prof. Ghigi aus Bologna. Entsprechend der Bezeichnung dieser Mutation sind beim Hahn alle roten Federpartien der Wildform durch eine intensive zitronengelbe Färbung ersetzt. Ebenso erscheinen alle übrigen Farben stark aufgehellt.

Die Hennen zeigen die gleiche Gefiedermusterung der Wildform mit stark aufgehellter Gesamtfärbung. Weitere Mutationen der 1970er-Jahre sind der **Lachsrote Goldfasan** und der **Zimtfarbene Goldfasan**.

Amherstfasan *(Chrysolophus amherstiae)*

Weiter im Südwesten in den Gebirgen Südost-Tibets und Südwest-Chinas findet man den **Amherstfasan**, dessen Hahn noch farbenprächtiger, aber in der Farbenzusammenstellung ruhiger ist.

Sein Oberkopf ist bronzegrün, die seidig glänzenden Haubenfedern am Hinterkopf sind glänzend rot. Die Federn des Halskragens sind weiß mit schwarzen, innen stahlblau begrenzten Endsäumen und gleichen zweiten Binden dahinter. Vorderrücken, Schultern und Kropf sind glänzend bronzegrün mit breiten, schwarzen Federsäumen. Der Hinterrücken ist goldig strohgelb. Die mittleren Teile des Bürzels und der Oberschwanzdecken sind scharlachrot, die verlängerten Oberschwanzdecken weiß mit blauschwarzer Bänderung und orangeroten Spitzen, die Schwanzfedern weiß, an den Außenfahnen bräunlich, schwarz gebändert, die mittleren, dachförmig getragen, weiß mit schief stehenden, gebogenen, blauschwarzen Querbinden und dazwischen befindlichen Kritzeln und Flecken. Die schwarzbraunen Handschwingen sind zum Teil weiß gesäumt. Die Flügeldecken glänzen metallisch blauschwarz. Brust und Bauch sind reinweiß.

Die Henne ist der des Goldfasans ähnlich, doch ist die Grundfarbe mehr braungrau, nicht so gelblich, die nackte Gesichtshaut ist weiter ausgedehnt und deutlich bläulich grau, der Bauch weißlicher und weniger gestreift.

Die Dunenjungen sind denen des Goldfasans ähnlich, nur etwas brauner, weniger gelb sowie stärker, dichter und länger bedaunt.

Ein Amherstfasan-Hahn (Chrysolophus amherstiae).

Beide Arten bewohnen felsige Berghänge mit genügend Buschwerk,

Ein einjähriger Amherstfasan-Hahn (Chrysolophus amherstiae) in Umfärbung.

Bambusdickicht und so weiter. Dichten Wald meiden sie gänzlich. Man trifft sie meistens paarweise oder in kleinem Familienverband. Die Nahrung besteht aus verschiedenen Sämereien, zarten Schossen, Keimlingen, jungen Blättern und sehr viel Insekten und deren Larven.

Von vorne gesehen kommt die markante Zeichnung des Amherstfasans besonders gut zur Geltung.

Verbreitung der Kragenfasanen und einiger Pfaufasanen

P Goldfasan *(Chrysolophus pictus)*

A Amherstfasan *(Chrysolophus amherstiae)*

a Südlicher Bronzeschwanz-Pfaufasan *(Polyplectron chalcurum chalcurum)*

b Nördlicher Bronzeschwanz-Pfaufasan *(Polyplectron chalcurum scutulatum)*

c Rothschild-Pfaufasan *(Polyplectron inopinatum)*

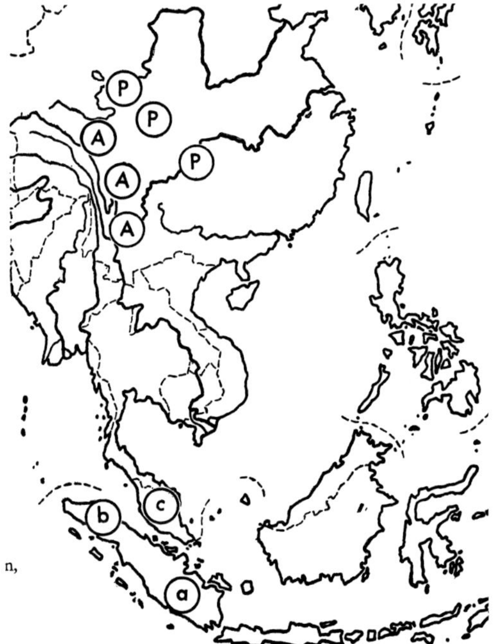

Gegen Kälte sind sie nicht empfindlich, daher auch in menschlicher Obhut widerstandsfähig sowie ausdauernd und verlangen keine besondere Beheizung im Schutzraum. Beide Arten gehören zu den besten Gehegevögeln sowie zu den ergiebigen und sicheren Zuchttieren. Obwohl in der Freiheit durchaus einehig, gibt man zur Zucht einem Hahn meist zwei bis drei Hennen.

In der Balz richtet der Hahn die Haube auf und spreizt die Federn des Kragens nach der Henne hin, wodurch diese Seite des Kopfes und des Halses unterhalb des Auges durch den Kragen ganz verdeckt wird. In dieser Haltung umkreist und umspringt der Hahn in zierlichen, hohen Sätzen die Henne, um plötzlich herumzufahren und – der Henne nunmehr die andere Seite zukehrend – sie in entgegengesetzter Richtung zu umspringen.

Meist kann man der Henne das Brutgeschäft überlassen, da sie in der Regel sicher und zuverlässig brütet. Doch ziehen viele Züchter Haushennen von Zwerg-Wyandotten, Chabos oder Seidenhühnern als Brüterinnen vor. Die Eier sind rahmgelblich und werden in 23 (Goldfasan) bzw. 24 (Amherstfasan) Tagen ausgebrütet. Beide Arten kreuzen sich unbeschränkt fruchtbar miteinander, was früher zu ziel- und sinnlosen Verkreuzungen führte, sodass es heute ungemein schwer ist, artenreine Diamantfasanen zu bekommen.

Unterfamilie Pfaufasanen (Argusianinae)

Pfaufasanen *(Polyplectron)*

Die Vögel dieser Gruppe weichen von den anderen Fasanenvögeln sowohl im Wesen als auch durch den Besitz von mehreren – meist zwei, ausnahmsweise auch ein oder drei – scharfen Sporen an jedem Lauf der Hähne und durch die höchst eigen- und einzigartige Gefiederzeichnung ab. Früher wurde dieser Gattung auch noch die Untergattung *Chalcurus* zugeordnet.

Bronzeschwanz-Pfaufasan *(Polyplectron chalcurum)*

Schutzstatus nach WA: frei

Die Nominatform ***Polyplectron chalcurum chalcurum*** ähnelt in der Zierlichkeit der Gestalt, des äußeren Erscheinungsbildes, aber auch in Verhalten, Stimme und so weiter stark der Goldfasan-Henne und lässt daher eine Verwandtschaft mit dieser Gruppe wahrscheinlich werden, während auf der anderen Seite offenbar eine Verwandtschaft mit den Argus- und Rheinart-Fasanen anzunehmen ist.

Der Hahn dieses die Gebirgswälder Süd-Sumatras bewohnenden Bronzeschwanz-Pfaufasans ist erdbraun, an der Kehle weißlich gefleckt, oberseits mehr kastanienbraun mit unregelmäßigen, schmalen, schwarzen Bändern. Die kastanienbraunen Steuerfedern haben schwarze Binden, die nach dem Schwanzende zu auf den Außenfahnen, dann auch auf den Innenfahnen metallglänzend werden und schließlich zu einem einzigen großen, metallglänzenden Fleck verschmelzen. Die mittleren Schwanzfedern tragen lebhaft violettblau glänzende „Schwanzspiegel", die unterhalb der Schwanzdecken beginnen, kurz vor dem Schwanzende aufhören und auf beiden Fahnen gleich groß sind, während sie auf den äußeren Steuerfedern auf den Innenfahnen kleiner als auf den Außenfahnen sind.

Die Nominatform des Bronzeschwanz-Pfaufasans Polyplectron chalcurum chalcurum.

Die ähnliche Henne ist kleiner und hat einen kürzeren Schwanz und kürzere Läufe.

In den Gebirgen von Nord-Sumatra lebt die sehr ähnliche, oberseits breiter und deutlicher gebänderte Unterart

Ein Paar des Rothschild-Pfaufasans (Polyplectron inopinatum) bei der Balz.

Polyplectron chalcurum scutulatum. Sie kam erstmals 1999 über den Tierhandel aus Indonesien nach Europa in die Zuchtanlage in Erfurt. Die Erstzucht gelang 2001.

Rothschild-Pfaufasan *(Polyplectron inopinatum)*

Schutzstatus nach WA: Anhang III

Der Rothschild-Pfaufasan lebt in den Gebirgswäldern von Zentral-Malaya. Der Hahn hat einen dunkelgrauen Kopf und Hals mit hellerer Strichelung und weißlichen Stricheln und ist im Übrigen rötlich braun, fein schwärzlich gewellt. Auf Nacken und Flügeln sind zahlreiche kleine, stahlblaue Augenflecken mit einer schmalen, schwarzen und einer breiteren, rötlichen Umsäumung. Die Oberschwanzdecken sind schwarz-braun gemischt, die äußeren haben auf beiden Fahnen große, blaue Flecken. Der 20-fedrige Schwanz ist wie bei der vorigen Art zugespitzt und gestuft, schwarz und hellbräunlich gefleckt. Das innerste Paar hat keine metallglänzenden Flecken oder höchstens nur einen solchen auf der Außenfahne, das nächste Paar hat auf der Innenfahne einen rückgebildeten Metallfleck und die übrigen haben auf beiden Fahnen grün glänzende Metallflecken, von denen die auf der Innenfahne kleiner sind. Diese Flecken nehmen dann Form und Aussehen von runden Augenflecken an.

Die Henne ist kleiner und hat keine Sporen wie der Hahn.

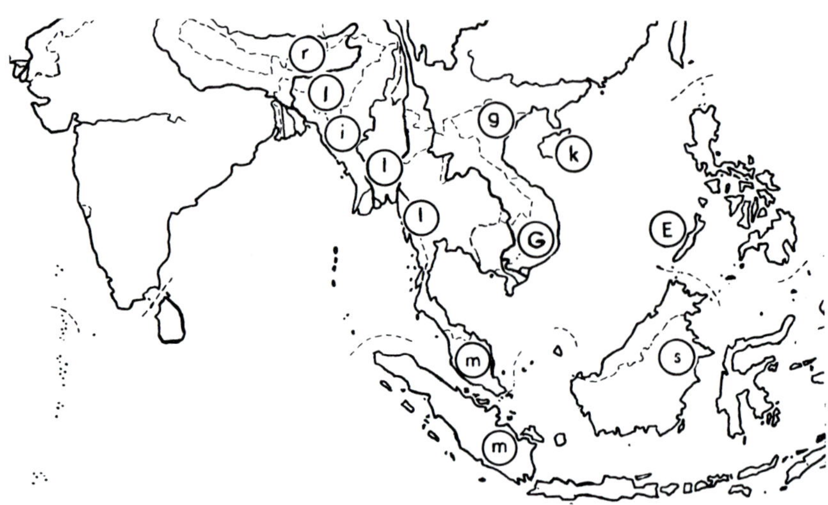

Verbreitung der Pfaufasanen

G Brauner Pfaufasan *(Polyplectron germaini)*
Grauer Pfaufasan *(Polyplectron bicalcaratum)*

Unterarten:

r *P. b. bakeri, P. b. bailyi*

l *P. b. bicalcaratum* (nordostwärts bis West-Tokin)

g *P. b. ghigii*

k Hainan-Pfaufasan *(Polyplectron katsumatae)*

m Malaiischer Pfaufasan *(Polyplectron malacense)*

s Borneo-Pfaufasan *(Polyplectron schleiermacheri)*

E Palawan-Pfaufasan *(Polyplectron emphanum)*

Die Verbreitung der Bronzeschwanz- und Rothschild-Pfaufasanen ist auf der vorherigen Karte auf S. 117 angegeben.

Brauner Pfaufasan *(Polyplectron germaini)*

Schutzstatus nach WA: Anhang II/C1 EG B

Der Braune Pfaufasan kommt im östlichen Cochinchina und in Süd-Vietnam vor. Der Hahn hat keine Federhaube auf dem Scheitel. Kopf, Kehle und Hals sind schwarz und fein grau-weiß gezeichnet. Die Oberseits ist dunkelbraun mit braungelblicher Fleckung. Die Mantel- und Flügelfedern haben je einen großen, runden Augenfleck von violettblauer bis grüner Glanzfärbung mit schwarzer und blassgoldbrauner Umsäumung.

Die Augenflecken der Pfaufasanen sind allgemein etwas vorgewölbt, erhaben und daher ertastbar im Gegensatz zu den Augenflecken der Pfauen und Argus-Fasanen, deren „Augen" flach, nicht erhaben, also nur „gemalt" sind.

Der Braune Pfaufasan (Polyplectron germaini).

Rücken und Bürzel des braunen Pfaufasans haben, wie auch zum Teil verschiedene der Schwanzdecken, keine Augenflecken, während die äußeren Federn auf jeder Fahne einen solchen besitzen. Der 20-fedrige, kaum gestufte Schwanz ist breit und abgerundet. Jede der beiden Fahnen seiner Federn trägt einen erzgrünen, schwarz und blassgrau gesäumten Augenfleck.

Die Henne ist kleiner und dunkler. Die Augenflecken sind in Form und Färbung nicht so deutlich. Die nackte Gesichtshaut ist wie beim Hahn rot.

Grauer Pfaufasan *(Polyplectron bicalcaratum)*

Schutzstatus nach WA: Anhang II/C1 EG B

Der Graue Pfaufasan ist mehr gräulich braun als der Braune Pfaufasan und an der ganzen Kehle weiß. Der Hahn hat auf Nacken und Flügeln zahlreiche hellere und blauere sowie stärker purpurrötlich glänzende Augenflecken, deren Säume weiß, nicht goldbraun wie bei der vorigen Art sind. Der 20-fedrige Schwanz ist länger und breiter. Der Scheitel trägt eine Haube aus längeren, haarartigen, dunkel- und hellgrau gestreiften Federn, deren Spitzen gespreizt nach vorn gebogen sind. Am Hinterhals hängt eine Mähne aus breiten, flaumigen Federn, die gegen den Kopf hin aufgebläht werden kann.

Die Nominatform Polyplectron bicalcaratum bicalcaratum des Grauen Pfaufasans.

Die Henne ist auffallend kleiner, dunkler und unregelmäßiger gezeichnet mit kleineren, undeutlicheren schwarzen, violett schimmernden Augenflecken.

Ein Hahn der Unterart Polyplectron bicalcaratum bakeri.

Diese Art ist durch vier Unterarten vertreten.

Die Nominatform ***Polyplectron bicalcaratum bicalcaratum*** lebt im Chittagong-Gebiet, Nordost-Assam, Burma, Tenasserim, Laos und West-Tonkin bis Südwest-Thailand.

Im östlichen Himalaja lebt ***P. b. bailyi***, welche der folgenden Unterart sehr ähnelt, aber grauer und dunkler ist.

P. b. bakeri aus Sikkim, Bhutan und West-Assam ist mehr hellgräulich.

P. b. ghigii aus Mittel- und Nord-Vietnam sowie Ost-Tonkin ist wieder etwas brauner. Die Augenflecken auf den Steuerfedern sind hier allseitig gleichmäßig breit gelbgrau gesäumt, nicht wie bei den anderen mit nach der Spitze zu verschmälerten Säumen.

Hainan-Pfaufasan *(Polyplectron katsumatae)*

Diese Art von der Insel Hai-Nan wurde früher als Unterart von *Polyplectron bicalcaratum* angesehen. Sie erinnert an *P. b. ghigii*, ist aber kleiner, dunkler und brauner als alle anderen beschriebenen Unterarten. Auch sind Haube und Mähne kürzer, worin diese Art von *P. bicalcaratum* zu der Art *P. germaini* (siehe oben) überleitet. Die Augen und Flügel sind blau und grün mit sehr breiten, weißen Säumen an der Spitze. Der Schwanz hat Augenflecken, die wie bei *P. b. ghigii* gleichmäßig blass gesäumt sind.

Malaiischer Pfaufasan *(Polyplectron malacense)*

Schutzstatus nach WA: Anhang II/C1 EG B

Diese Art lebt in tieferen Lagen bis 1000 m in Malakka auf der malaiischen Halbinsel, in Süd-Tenasserim, Südwest-Thailand und Sumatra.

Der Hahn hat eine ziemlich hohe, aus haarartig zerschlissenen, erzgrün glänzenden Federn bestehende Haube, eine ziemlich ausgedehnte gelbliche Gesichtshaut und ist an Stirn und Kopfseiten grau und schwarz gestrichelt, an der Kehle blassgrau. Eine aus breiten, zerschlissenen, vorwärts gerichteten Federn bestehende Mähne am Hinterhals und Nacken ist grau und schwarz gestreift mit metallisch violetten Federspitzen. Ansonsten ist die Oberseite hellbraun mit schwarzen Punkten.

Auf Nacken, Flügeln und Schwanz sind große, blau glänzende Spiegel- oder Augenflecken mit gelblichen Säumen an der Spitze. Die Oberschwanzdecken haben an ihren längsten Federn zwei große, blaugrüne, am Schaft zusammengestoßene Spiegelflecken. Der meist 22-fedrige Schwanz ist kürzer und weniger gestuft. Die schwarzen, blassgelbbraun gesprenkelten Steuerfedern tragen auf der Außenfahne je einen erzgrün glänzenden, schwarz umrandeten Augenfleck, nur das innerste Paar hat auf jeder der beiden Fahnen einen solchen. Die Unterseite ist braun mit Schwarz, an der Mittelbrust gelblicher.

Die Henne hat eine kürzere Haube und Mähne. Ihre Kehle ist weiß; Kopf, Hals und Unterseite sind dunkelbraun mit kleinen, schwarzen Flecken, die Oberseite ist fein gelbbraun und schwarz gesprenkelt. Auf Vorderrücken und Flügeln finden sich schwarze, hinten hellgesäumte Flecken und die längsten Oberschwanzdecken besitzen zwei stahlblaue Augenflecken. Die Steuerfedern haben außer den mittleren, die auf beiden Fahnen Augen haben, jeweils nur ein Auge auf der Außenfahne.

Ein Hahn des Malaiischen Pfaufasans (Polyplectron malacense).

Hier ist deutlich die unterschiedliche Zeichnung von Hahn (links) und Henne (rechts) des Malaiischen Pfaufasans zu erkennen.

Malaiische Pfaufasanen legen je Gelege nur ein Ei. Dieses ist entsprechend der Körpergröße der Althenne außergewöhnlich groß und wiegt über 40 g. Die Brutzeit beträgt auch hier 21 bis 23 Tage. Die Gewichtsentwicklung entspricht der der Rothschild-Pfaufasanen. Auffallend bei diesen Küken ist ihr samtartiges Dunengefieder.

Borneo-Pfaufasan *(Polyplectron schleiermacheri)*

Schutzstatus nach WA: Anhang II/C1 EG B

Früher noch als Unterart angesehen hat der Borneo-Pfaufasan jetzt Artstatus. Er kommt in Ost-Borneo vor.

Der Hahn hat eine kurze Kopfhaube von grau-schwarz gestreiften, in der Mitte erzgrün schillernden Federn und eine breite Mähne aus zerschlissenen, grau-schwarz gestreiften, an den Spitzen metallisch violettblau schimmernden Federn. Oberseits ist er dem Malaiischen Pfaufasan ähnlich, aber rötlicher, mit kleineren, grüneren Augenflecken und kürzerem Schwanz. Die seitlichen Steuerfedern haben auf der Außenfahne einen grünen, auf der Innenfahne einen schwarzen Augenfleck. Kehle und Oberbrust sind reinweiß, die Brustseiten metallisch blaugrün, die Mitte der Unterbrust ist reinweiß, die übrige Unterseite schwarz mit weißlichen Schaftstrichen.

Ein Hahn des Borneo-Pfaufasans Polyplectron schleiermacheri.

Die Henne ähnelt der zuvor beschriebenen Art, ist aber rötlicher mit kürzerem Schwanz. Die Oberschwanzdecken haben keine Augenflecken, die der Steuerfedern sind kleiner und undeutlicher. Der Borneo-Pfaufasan ist in seiner Heimat Ost-Borneo stark bestandsbedroht, man nahm sogar an, dass er ausgestorben sei. Neueste Feldforschungen mit vom Tonband abgespielten Rufen dieser Art ergaben Antworten wild lebender Exemplare. Nach einem Bericht von Roland Seitre im Oiseaux Exotiques, Frankreich, ist es mithilfe einheimischer Jäger des Stammes der Dajaks in den letzten Jahren gelungen, einige Borneo-Pfaufasanen zu fangen.

Dem bekannten Feldornithologen und Züchter Rezib Sozer-Jean wurden 1997 mehrere von den indonesischen Behörden beschlagnahmte Paare zur Zucht auf Java übergeben. Die Paare werden in überdachten, etwa 10 m^2 großen bepflanzten Volieren gehalten. Diese können bei Bedarf geteilt werden, um streitsüchtige Hähne abzusperren, was bei einigen Paaren notwendig ist. Die Hennen beginnen erst im zweiten Jahr mit der Eiablage. Das Gelege besteht in der Regel aus einem Ei, die Brutzeit beträgt 21 bis 22 Tage. Die Mehrzahl der Eier wurde in einer Brutmaschine erbrütet.

Seit 1997 wurden aus 106 Eiern 25 Küken erbrütet und aufgezogen. 2003 schlüpfte das erste Küken der zweiten Generation in menschlicher Obhut. Es bleibt zu hoffen, dass sich die kleine Population erhalten lässt.

In den letzten Jahren wurde von dieser Art ein größerer Zuchtbestand im Zoo von Singapur aufgebaut. Vor zwei Jahren kamen dann die ersten Paare nach Europa. Zwischenzeitlich sind davon einige Nachzuchten gelungen.

Palawan-Pfaufasan *(Polyplectron emphanum)*

Schutzstatus nach WA: Anhang I EG A

Die schönste Art dieser Gattung ist der Palawan-Pfaufasan von der Insel Palawan. Früher wurde er der Gattung *Emphania* zugeordnet.

Der Hahn hat einen langen, zugespitzten Federschopf, der wie der ganze Scheitel dunkelbronzegrün ist. Die Oberdecken sind weiß, der übrige Kopf, Hals, die ganze Unterseite, die Hand- und Armschwingen sind schwarz. Vorderrücken, Flügeldecken und innere Armschwingen an der Wurzel sind gleichfalls schwarz, sonst alle lebhaft metallisch blaugrün glänzend. Hinterrücken und Bürzel sind rotbraun und schwarz gefleckt, die Schwanzdecken lang, breit, gerade abgeschnitten, schwarzbraun, gelb gefleckt und mit großen, blaugrünen, schwarz und grau umrandeten Augenflecken auf jeder Fahne versehen. Die 22 bis 24 Steuerfedern sind grauer und tragen je zwei Augenflecken, die auf den mittleren Federn gleich groß und nach außen hin auf den Innenfahnen immer kleiner werden.

Bei der Henne wird die Federholle rückwärts dem Scheitel angelegt getragen. Gesicht und Kehle sind grauweiß, im Übrigen ist die Henne braun mit schwarzen Flügeln.

Alle Pfaufasanen bewohnen dichte, feuchte Tropenwälder bis etwa 1700 m Höhe, sind sehr scheu, heimlich und tauchen geschickt im dichten Pflanzengewirr unter. Nur ihre Stimme hört man vereinzelt im Wald. Offenes Gelände meiden sie. Bronzeschwanz- und Palawan-Pfaufasan lassen ein leises „pitt pitt“ hören, vom Braunen Pfaufasan ertönt besonders in der Balzzeit ein sechs- bis siebenmal schnell wiederholtes „hwo hwo hwoit“. Der Graue Pfaufasan ruft in der Balzzeit rau „putta putta“, das leise beginnt und anschwillt, stößt auch einen lauten Doppelpfiff aus, und auf der Höhe der Balz wird ein zwitschernder Gesang vorgetragen. Als Warnruf lassen beide Geschlechter ein raues Gackern „putta putta“ hören.

Der Palawan-Pfaufasan (Polyplectron emphanum).

Der Balzruf des Palawan-Pfaufasans ist lang gezogen und klingt wie ein Stöhnen. Die Balz selbst ist beim

Palawan-Pfaufasanen bei der Balz.

Bronzeschwanz-Fasan eine seitliche, indem der Schwanz senkrecht gespreizt wird. Bei den anderen Arten kommt eine schöne Frontalbalz hinzu, wobei der Vorderkörper auf den Fersen ruhend niedergedrückt wird und die weit ausgebreiteten Mantel-, Flügel-, Schwanzdeck- und Schwanzfedern einen geradezu kreisrunden Schild aus Federn, besät mit zahlreichen glitzernden Augenflecken, bilden. Der ganze Vogel wird zu einem flachen, runden Fächer, der sich dem weiblichen Vogel zukehrt. Das Erwachsenenkleid wird erst im 2. Jahr angelegt. Bis dahin ist der Hahn der Henne sehr ähnlich.

Die Vögel dieser Gruppe leben in Einehe und halten sich einzeln oder in Paaren. Zur Zucht sind vor allem Bronzeschwanz-Pfaufasanen in vielen Fällen nur in getrennten Volierenabteilen zu halten, da der Hahn seine Partnerin hartnäckig verfolgt und misshandelt. Einige Züchter geben die Henne nur unter Aufsicht zur Paarung zum Hahn, andere setzen dem Hahn eine Brille zur Beruhigung auf und können so die Paarpartner in einer gemeinsamen Voliere halten. (Plastikbrillen sind im Fachhandel erhältlich – sie sind üblich in der Rassegeflügelzucht, um größere Gruppen Zuchthähne zusammen halten zu können.) Die Tiere legen im Freiland regelmäßig immer nur zwei Eier.

In menschlicher Obhut sind diese Vögel angenehm und liebenswürdig. Als Bewohner tropischer feuchtwarmer Wälder benötigen sie ein im Winter und im nasskalten Sommer gut heizbares Unterkunftshaus. Der geschützt gelegene Auslauf muss gut drainiert sein. Als scheue, zurückhaltende Waldvögel verlangen diese Tiere im Innern des Auslaufes dichtes Gebüsch, in dem sie sich verstecken können.

Als Futter erhalten sie Körner, Weizen, kleine Gerste, geschälten Hafer, Buchweizen, Hirse, ungeschälten Reis und Pellets, dazu Beeren, Früchte aller Art je nach Jahreszeit, im Winter auch Rosinen, Korinthen und so weiter sowie mehr als andere Fasanen eine leichte Fleischkost, frisches gehacktes oder geschabtes Fleisch, Garnelenschrot, Fleischkrissel, Mehlwürmer und ganze ausgestochene Nester der Rasenameise.

Bei der künstlichen Aufzucht sind sehr leichte Haushühner (Chabos, Seidenhühner) als Glucken zu verwenden. Ebenso schlüpfen junge Pfaufasanen in verschiedenen Brutmaschinen bei einer Luftfeuchtigkeit von 45 bis 55 % ausgezeichnet.

Da die jungen Pfaufasanen in den ersten Lebenstagen Futterbrocken nur aus dem Schnabel der Mutter empfangen, muss der Pfleger Nachhilfe durch Vorhalten von Nahrung auf einer Pinzette gewährleisten. Nach wenigen Tagen lernen die Kleinen selbstständig zu fressen. Eine hochwertige, abwechslungsreiche Kost ist für eine gute Entwicklung erforderlich. In den ersten Lebenstagen sind junge Pfaufasanen sehr wärme- und ruhebedürftig.

Der derzeitige Status der einzelnen Vertreter der Gattung *Polyplectron* in menschlicher Obhut ist sehr verschieden.

Während von den Grauen Pfaufasanen die Unterart *P. b. bicalcaratum* bei den Züchtern in Europa und den USA allgemein verbreitet ist, begegnet man *P. b. bakeri* schon wesentlich seltener und die anderen Unterarten der Grauen Pfaufasanen sind höchstwahrscheinlich nur in Zoos ihrer Verbreitungsgebiete zu finden.

Auch Bronzeschwanz-Pfaufasanen und Braune Pfaufasanen erfreuen sich wachsender Beliebtheit, ebenso die farbenprächtigen Palawan-Pfaufasanen. Von Letzteren zeigt ein Teil der Population beim Hahn keinen weißen Überaugenstreifen und nur einen weißen Wangenfleck, während es Familien gibt, die diesen breiten weißen Überaugenstreifen dominant vererben. Auch die Hennen dieser Abstammung zeigen deutlich sichtbar hellere Gesichter; selbst die Dunenküken sind zu unterscheiden.

Graue Pfaufasanen sind relativ häufig in Menschenobhut zu finden.

Dieses Phänomen wurde bisher in der Literatur kaum erwähnt. Alle Palawan-Pfaufasanen werden wissenschaftlich als eine Art geführt.

Es bleibt die Frage offen, ob in ihrer Heimat diese Pfaufasanen ebenfalls mit dieser unterschiedlichen Zeichnung vorkommen und die gleichen oder getrennte Areale bewohnen. Die Frage der Unterart stellt sich dabei zwangsläufig.

Die Züchter behelfen sich allgemein zwischenzeitlich damit, dass Vertreter der Palawan-Pfaufasanen mit ausgeprägten Überaugenstreifen als **Napoleon-Palawan** bezeichnet werden.

Wesentlich seltener – und daher kostbarer – sind in menschlicher Obhut Malaiische Pfaufasanen und Rothschild-Pfaufasanen zu finden. Erst 1992 gelangten Rothschild-Pfaufasanen nach Europa. Für beide Arten wurden zur Sicherung des Bestands internationale bzw. europäische Erhaltungszuchtprogramme eingerichtet, an der sich auch die Fasanerie in Erfurt beteiligt.

Das internationale Zuchtbuch wird gemeinsam vom Department of Wildlife and National Parks, Peninsula, Malaysia, und der Wildlife Conservation Society New York, USA, geführt. Die europäischen Zuchtbücher für beide Arten werden bei der WPA von Gary E. Robbins, England, betreut.

Nachfolgend einige Details stellvertretend für das vorliegende Zuchtbuch der Rothschild-Pfaufasanen.

AUS DEM ZUCHTBUCH DER ROTHSCHILD-PFAUFASANEN

Das erste Paar kam via Hongkong 1960 in die USA. Die Henne verendete und der verbliebene Hahn wurde mit anderen Pfaufasanen verpaart.
Der heutige Zuchtbestand gründet sich auf Wildfänge in Malaysia, welche von 1985 bis 1987 in den Neegara Zoo Kuala Lumpur und den Zoo Hong Kong gelangten. 32 Vögel – 19 Hähne und 13 Hennen – gründeten die Population. Über 50 % verendeten ohne Nachzucht, sodass lediglich 14 Tiere als genetische Gründer vorhanden sind.
Der Erstimport nach Europa erfolgte 1992 nach England und im Frühjahr 1993 von Hongkong in den Tierpark Berlin-Friedrichsfelde. Dieser Zoo hatte dann 1994 auch die Erstzucht in Europa. In die Zuchtanlage in Erfurt kamen die Vögel noch im gleichen Jahr und seit 1995 gibt es regelmäßig Nachzucht.
Das Gelege der Rothschild-Pfaufasanen besteht aus zwei weißen Eiern. Das Eigewicht liegt bei 37 g. Die Brutzeit beträgt 21 bis 23 Tage. Die Küken wiegen beim Schlupf 23 bis 25 g. Durch die Resorbierung des Dottersacks verlieren die Küken in den ersten 24 Stunden nach dem Schlupf etwa 2 bis 4 g, um am 5. Tag ihr Schlupfgewicht wieder zu erreichen. In der folgenden Woche nehmen sie 2 bis 4 g täglich zu. Am 17. Tag haben sie ein Gewicht von etwa 50 g erreicht, um am Ende des 1. Lebensmonats ungefähr 100 g zu wiegen.

Rheinart-Fasanen *(Rheinardia)*

Sehr auffallende Gestalten unter den Hühnervögeln sind die etwas an die Pfauen erinnernden, stammesgeschichtlich jedoch den Pfaufasanen wohl nächstverwandten Gattungen *Rheinardia* und *Argusianus* (siehe unten). Sie sind im hinterindisch-sundanesischen Gebiet zu Hause.

Die Gattung *Rheinardia* ist nur mit einer Art vertreten, bei der wiederum außer der Nominatform eine weitere Unterart bekannt ist.

Rheinart-Fasan *Rheinardia ocellata*

Schutzstatus nach WA: Anhang I EG A

Beim Hahn sind die Armschwingen nicht länger als die Handschwingen. Der 12-fedrige Schwanz ist stufenförmig verlängert und zugespitzt. Die innersten, längsten Steuerfedern sind sehr breit, die benachbarten nur wenig kürzer, die äußersten aber kaum ein Fünftel der Länge der mittleren. Der Hinterkopfschopf, der bis zum Hinterhals hinabreicht und aufgerichtet werden kann, besteht aus langen, steifen, haarartigen Federn.

Die Nominatform ***Rheinardia ocellata ocellata*** ist in den Gebirgen von Mittel-Vietnam zu finden. Das männliche Gefieder ist hauptsächlich braun und auf dem Rücken und den Flügeln mit kleinen, gelbbräunlichen Flecken verschiedener Form übersät. Die etwa 60 mm hohe Federhaube ist in der Mitte und hinten weiß, vorne braun, an den Seiten blassbräunlich. Scheitelmitte und Ohrdecken sind braunschwarz, die Augengegend trägt nur wenige kurze Federchen von schwarzer Farbe; die zum Teil ganz nackte Gesichtshaut ist dunkelschieferblau, ein breiter Augenbrauenstreif ist weiß. Wangen und Kopfseiten sind grau, Kinn und Kehle heller, der Hals ist kastanienrotbraun. Die sehr langen Schwanzfedern sind grau mit runden, rotbraunen Flecken und vielen kleinen, weißen Punkten, die kürzeren äußeren Steuerfedern dunkler, mehr rotbraun mit weiß und schwarz gezeichneten Flecken. Die braune Unterseite ist unregelmäßig schwarz und rostgelblich gezeichnet.

Die Henne ist dunkelbraun mit schwarzen und gelblichen Zeichnungen, an den Kopfseiten grau, ansonsten dem Hahn ähnlich, aber matter, verwaschener, mit kürzerer Haube und ohne außerordentlich verlängerte Schwanzfedern.

Die andere Unterart ***Rheinardia ocellata nigrescens*** lebt im Innern von Malaya (Malakka). Der Hahn ist dunkler und regelmäßiger gezeichnet, hat gelblich braune Augenbrauen und Kehle, einen längeren, etwa 85 mm langen, weißen Federschopf, der an der Stirn einen schwarzen Fleck hat, einen blassbraunen, nicht rotbraunen Hals und sehr dunkle, braune Oberseite und Flügel mit schwarzen Zeichnungen und kleinen, runden, weißen Flecken. Auch der Schwanz ist dunkler, die Unterseite braun mit regelmäßigen weißen und schwarzen Flecken. Die Läufe sind wie bei der Nominatform braun.

Auch die Henne ähnelt der der Nominatform, ist aber schärfer und dichter schwarz gezeichnet, unterseits heller, am Bauch gelbbraun.

Der Rheinart-Fasan lebt versteckt in dichten, feuchten Urwäldern der Ebene und der Gebirge bis 1000 m Höhe und ernährt sich von Beeren, Früchten, Insekten, Schnecken und so weiter, ähnlich wie die im Folgenden beschriebenen Argus-Fasanen. Sein Ruf ist weich, lang gezogen, klagend. Auch ein zischendes Kichern wird vernommen, wozu der Hahn in der Brutzeit noch einen lang gezogenen, weithin klingenden weichen Pfiff „ho kuiho“ hinzufügt. Er legt eine sauber gereinigte „Tanzdiele“ an, in deren Nähe er sich außer während der Mauserzeit, die er im Wald verborgen zubringt, ständig aufhält.

Auch diese Art lebt „unehig“, wie es bei Argus-Fasan, Pfau, Puter, Auer- und Birkhahn der Fall ist. Der Hahn macht durch sein Rufen und die auffallenden Balzstellungen paarungslustige Hennen auf sich aufmerksam und die Geschlechter trennen sich sofort nach der Kopulation.

Die Balz ist beim Rheinart-Fasan eine durchaus seitliche. Der Hahn verharrt zunächst mit ausgestrecktem Hals und vorwärts gesträubten Federn bewegungslos, spreizt die Kopfhaube, stülpt dabei deren Innenseite wie eine „Puderquaste" heraus und breitet die Schwanzfedern senkrecht von oben nach unten auseinander. Dann macht er ein paar Schritte, der Hals wird rückwärts herumgeworfen und das Rufen unterbrochen. Auf dem Höhepunkt der Balz senken sich beide Flügel abwärts, der Schwanz wird stärker gespreizt und mit einem vibrierenden Zittern des ganzen Gefieders neigt sich der Hahn der Henne zu.

Beide Geschlechter fliegen verhältnismäßig gut und halten sich viel auf Bäumen auf.

Argus-Fasanen *(Argusianus)*

Auch diese Gattung ist nur durch eine Art vertreten, zu der wiederum neben der Nominatform eine weitere Unterart gehört.

Argus-Fasan *(Argusianus argus)*

Schutzstatus nach WA: Anhang II/C1 EG B

Bei dem Argushahn sind die beiden mittleren der zwölf Schwanzfedern stark bandförmig verlängert, während die übrigen in der Länge abgestuft sind. Besonders fallen die Flügel auf. Von der äußersten Handschwinge bis zur 9. oder 10. Armschwinge nehmen diese an Länge gleichmäßig zu, sodass die längste Armschwinge mehr als doppelt so lang ist wie die erste. An den Läufen fehlen Sporen ganz.

Die Nominatform des Argus-Fasans Argusianus argus argus.

Bei der Nominatform ***Argusianus argus argus*** von der Malaiischen Halbinsel Malakka, Tenasserim und Sumatra hat der Hahn auf der Scheitelmitte einen Streif kurzer, schwarzer, samtartiger Federn, die einen kleinen Schopf am Hinterkopf bilden. Genick und Hinterhals sind mit langen, schmalen zerschlissenen Federn bedeckt, die hellgrau und schwarz gebändert sind und eine dünne Mähne bilden. Die übrigen Kopf- und Halsteile sind nackt, blau, nur mit wenigen haarartigen grauen Federchen besetzt. Mantel, Schultern und Flügeldecken sind dunkelbraun mit hellgelblicher Zeichnung, der ockergelbe Rücken ist schwarz gefleckt.

Typisch für den Hahn der Nominatform ist der schwarze Federstreif auf dem Kopf.

Die inneren, sehr großen und breiten Armschwingen sind dunkelbraun, weiß und gelblich braun gezeichnet. Die ganz außergewöhnlich langen und breiten Armschwingen sind am Ende fast viereckig, hier rötlich braun mit schwarzer Kritzelung und weißen Flecken. Die Innenfahnen sind am Schaft und am Rand weiß mit schwarzen, gelblich geränderten Flecken. Die breiten, weichen Außenfahnen sind am Rand bräunlich gelb mit großen schwarzbraunen Flecken, im mittleren Teil der Länge nach schwarzbraun und bräunlich gelb gewellt. Am Schaft entlang befindet sich eine fortlaufende Kette von großen Augenflecken, die durch Verteilung von hellen Licht- und dunklen Schattentönen innerhalb der runden Figur den Eindruck von körperlich erhabenen Kugeln erwecken, die – mit einer leichten Ausrandung am oberen Ende versehen – in nischenartigen Vertiefungen zu liegen scheinen.

Die Augenflecken sind vollkommen flach, nicht etwa wie bei den Pfaufasanen etwas erhaben, und wirken nur durch die Verteilung von Licht und Schatten so überraschend und täuschend körperhaft. Diese Licht- und Schattenstellen an den scheinbaren „Kugeln" sind so angeordnet, dass an dem radförmig ausgebreiteten Flügel immer die am oberen Rand der Augenflecken befindlichen Teile hell, die unteren dunkel sind, sodass bei allen Flecken der sowohl senkrecht als auch waagerecht gehaltenen Federn die „Kugeln" immer von oben beleuchtet zu sein scheinen.

Die Handschwingen haben blaue Schäfte und an der breiten Innenfahne eine rotbraune, weiß punktierte Linie, während die schmale Außenfahne hellgelbbräunlich mit rotbraunen Tupfen ist. Die äußeren Schwanzfedern sind schwärzlich mit kleinen, weißen Punkten, die stark verlängerten innersten sind außen rotbraun, innen grau mit runden, weißen, schwarz geränderten Flecken; Kopf und Unterkörper sind kastanienrot.

Bei der Henne sind Hals, Unterkörper und Handschwingen rotbraun und schwarz gewellt. Vorderrücken, Flügeldecken, Armschwingen und Schwanz sind schwarzbraun mit gelbbraunen Stricheln.

Die auf Borneo lebende Unterart ***Argusianus argus grayi*** ist etwas kleiner, an Vorderrücken, Schultern und Flügeldecken schwarz mit weißen und mattrotbraunen Schnörkeln, am Kopf hellrotbraun, an den Körperseiten weiß getüpfelt.

Die Henne hat einen rostbraunen Nacken, sandfarbenen Kropf und Unterkörper mit rostfarbenem Anflug und schwarzer Schnörkelung.

Der Argus-Fasan lebt scheu, versteckt und einsam in Waldungen bis 1300 m Höhe, besonders in trockenen, felsigen Gegenden, weniger im sumpfigen Küstendickicht. Die Henne gesellt sich erst zum Hahn, wenn sie brutlustig ist, sonst leben die Geschlechter getrennt. Der Hahn säubert auf einer Berghöhe oder an einem Hang einen Platz von allen umliegenden Zweigen und Blättern und hält sich außer der Mauserzeit, in der er einsam durch den Wald streift, stets in der Nähe dieser angelegten „Tanzdiele“ auf. Durch den Ruf des Hahns werden die Hennen angelockt. Die Balz beginnt zunächst als eine seitliche, wird aber am Höhepunkt zu einer Frontaldarbietung wie beim Pfau.

Die gespreizten Schwingen bilden einen großen, kreisrunden Schirm, über dem die beiden langen mittleren Steuerfedern senkrecht wie Bänder flattern. Die roten Läufe werden gebogen, Vorderkörper nebst Kopf und Hals abwärts gehalten und von den Flügeln verdeckt, durch die zwischendurch der Kopf durchgesteckt wird, um die Lage zu übersehen. Dabei zittert das ganze Gefieder. Der lang gezogene Ruf des Hahns klingt klagend und wird zehn- bis zwölfmal immer langsamer und leiser wiederholt. Von der Henne hört man leise Pfiffe, von beiden Geschlechtern ein eigentümliches Glucken.

Während die Henne verhältnismäßig gut fliegt, ist der Hahn durch sein dazu unzweckmäßiges Prachtkleid dabei stark behindert. Als Nahrung dienen Samen, Früchte, Beeren, Larven, Insekten, Schnecken und Würmer.

Argus- und Rheinart-Fasan legen normalerweise wie die Pfaufasanen stets nur zwei Eier. Die Hennen sind gute Brüterinnen und zuverlässige Mütter. Die nach 24 bis 25 Tagen schlüpfenden Küken gedeihen am besten bei ihren eigenen natürlichen Müttern. Sie wachsen nur langsam und nehmen wie die Pfaufasanenküken das Futter nur aus dem mütterlichen Schnabel, nicht aber vom Boden. Sie müssen daher gegebenenfalls, wie beim Pfaufasan angegeben, mit der Pinzette gefüttert werden. Der Rheinart-Fasan verlangt einen ziemlich hoch angebrachten Brutkorb, da er nicht am Boden legt und brütet. Auch die Sitzstangen müssen für beide Arten recht hoch angebracht werden, damit die Vögel sich nicht das Gefieder abstoßen und beschädigen. Die Rheinartküken baumen schon nach fünf bis sechs Tagen auf und suchen zu beiden Seiten der Mutter unter ihren Flügeln Schutz und Wärme.

Als große Vögel verlangen sie große Unterkunftsräume von etwa 10 m² und mehr Bodenfläche und 2,5 bis 3 m Höhe. Die Räume müssen für diese Tropenbewohner gut beheizbar sein. Auch der Auslauf muss sehr groß, geräumig, warm gelegen und trocken, also gut drainiert sein. Unter Kälte, Feuchtigkeit, auch was den Boden betrifft, Regen, Nebel und so weiter leiden diese Tropenbewohner empfindlich und werden leicht Opfer verschiedener Krankheiten wie zum Beispiel Diphtherie.

An sich verträglich und mit anderen Vögeln friedlich zusammenlebend, vertragen sich Argus- und Rheinart-Fasanen allerdings nicht untereinander und auch nicht mit anderen Pfaufasanen. Man darf auch immer nur einen Hahn und eine Henne derselben Art zusammen halten, da sowohl Hähne als auch Hennen untereinander oft heftig kämpfen und sich umbringen.

WERTVOLLE VOLIERENVÖGEL

Beide Arten sind sehr interessante und wertvolle Volierenvögel. Zurzeit wird in europäischen Fasanerien und bei privaten Züchtern nur der Malaiische Argus-Fasan gehalten und mit wechselndem Erfolg gezüchtet.
Für den Rheinart-Fasan wird in seiner Heimat Malaya derzeit versucht, mit einer Zuchtstation einen Bestand in Menschenhand zur Festigung der Wildpopulation aufzubauen. Erfreulicherweise kann berichtet werden, dass seit 1994 der Zoo in Saigon mehrere Paare Rheinardia ocellata *aus freier Wildbahn der Provinz Phu Yen, 500 km nördlich von Saigon, im Zoobestand hält.*
Nach anfänglichen Misserfolgen konnte 1996 die erste Nachzucht gemeldet werden. Am 3. März 1996 schlüpften zwei Küken, die von einer Bruthenne ab 10. Februar 1996 erbrütet wurden. Es ist dies die erste Nachzucht in menschlicher Obhut nach den legendären Zuchterfolgen des ersten Präsidenten der WPA und dem Vorbild aller Fasanenzüchter, Jean Delacour, 1931. Zwischenzeitlich haben sowohl der Zoo Hanoi als auch der Zoo Saigon mehrfach Nachzucht von den Rheinart-Fasanenpaaren erhalten.
Die vereinzelten Importe nach Europa waren bis jetzt nicht von Erfolg gekrönt, da die Tiere durch verschiedene Ursachen verloren gingen. Zurzeit ist wegen der seit Jahren in Südostasien grassierenden Vogelpest jeglicher Import von Hühnervögeln in die EG verboten und wir müssen auf bessere Zeiten warten.
Gleiche Bemühungen zur Erhaltung der endemischen Tierarten Vietnams unternimmt der Zoo Hanoi.

Unterfamilie Pfauen (Pavoninae)

Pfauen *(Pavo)*

Die prächtigsten Erscheinungen auf unseren Geflügelhöfen, in Fasanerien und Tiergärten sind die beiden Arten der Pfauen. Sie sind große, ziemlich hochläufige Hühner, deren 20-fedriger Schwanz stufig und flach, beim Hahn länger, bei der Henne kürzer als der Flügel ist. Auffallend lang sind die starken Oberschwanzdecken, die beim Hahn bedeutend länger als der Schwanz sind. Sie werden in der Ruhe zusammengelegt und schleppenartig getragen. Bei Erregung, besonders in der Balz, werden sie fächerartig ausgebreitet und aufgerichtet, wenn der Pfau „ein Rad schlägt". Die Läufe sind beim Hahn gespornt. Den Scheitel schmückt eine zierliche Federkrone.

Blauer Pfau *(Pavo cristatus)*

Schutzstatus nach WA: frei

Bei dem in ganz Vorderindien und auf Ceylon lebenden Blauen Pfau besteht die Federkrone aus aufrecht stehenden, kahlschäftigen und am Ende mit spatelförmiger Fahne versehenen Federn von erzgrün schillernder Färbung. Die zer-

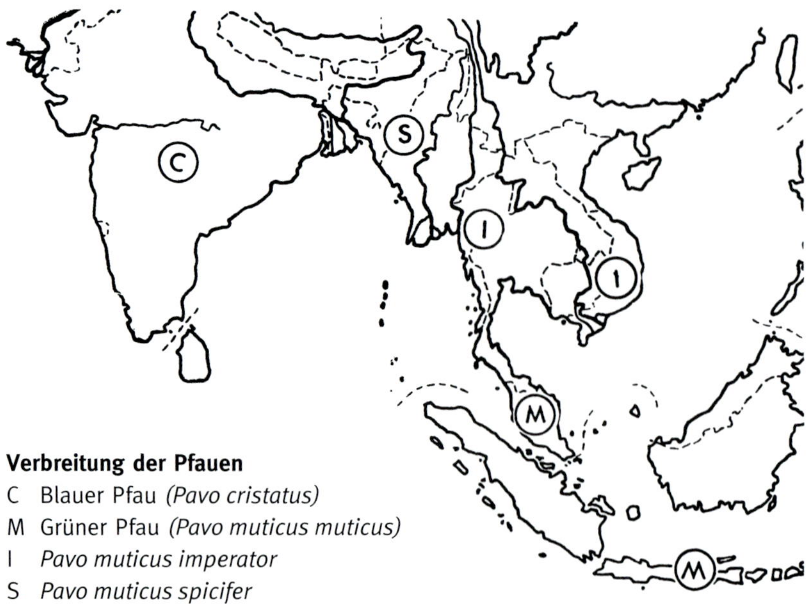

Verbreitung der Pfauen

C Blauer Pfau *(Pavo cristatus)*
M Grüner Pfau *(Pavo muticus muticus)*
I *Pavo muticus imperator*
S *Pavo muticus spicifer*

schlissenen Halsfedern glänzen seidig tiefblau. Die Federn des Rückens sind schuppenförmig, metallgrün und violettpurpurn glänzend mit schmalen, schwarzen Säumen, die Flügeldecken blassgelbbraun mit glänzend schwarzgrünen Bändern. Die Unterseite ist schwarz. Die den „Schweif" bildenden sehr langen Oberschwanzdecken haben lange, zerschlissene, goldig erzgrün und bronzerötlich schimmernde Fahnen und kurz vor ihrem Ende einen dunkelblauen, rund-, nieren- bis herzförmigen Augenfleck, der von einem lichtblauen und einem bronzebraunen Saum sowie von zwei schmalen, goldgrünen und violettpurpurn schimmernden Rändern umgeben ist. Diese „Augen" sind flach, nur „gemalt", nicht erhaben wie bei den Pfaufasanen.

Die Armschwingen und ihre Decken sind schwarz mit blau glänzenden Säumen, die Handschwingen licht rotbraun, ihre Decken glänzend metallblau. Die nackte Gesichtshaut ist weiß.

Die Henne ist graubraun, unterseits und an der Kehle weißlich, die hier schuppenförmigen Halsfedern sind metallgrün mit grauen Säumen. Unterhals, Oberrücken und Oberbrust schillern erzgrün. Die Oberschwanzdecken sind nicht übermäßig verlängert.

Beim Hahn der nur in Menschenobhut auftretenden erblichen Farbabänderung oder Mutation ***Pavo cristatus* mut. *nigripennis***, des sogenannten Schwarzflügelpfaus, sind die Schultern

Der Blaue Pfau Pavo cristatus.

Der Schwarzflügelpfau ist eine nur in Menschenobhut auftretende Mutation.

Auch weiße Pfauen sind Mutationen, die in der freien Natur nicht vorkommen.

und Flügeldecken ganz schwarz mit grünblau glänzenden Säumen. Die Henne ist bei dieser Form weiß, oberseits mit Graubraun, im Nacken mit Rostbraun gemischt und hat rostfarbene Handschwingen und schwarzbraune äußere Schwanzfedern.

Außerdem kommen in menschlicher Obhut auch reinweiße und weiß gescheckte Pfauen vor.

Grüner oder Ährenträger-Pfau *(Pavo muticus)*

Schutzstatus nach WA: Anhang II EG B

Henne (oben) und Hahn (unten) des Ährenträger-Pfaus sehen sich sehr ähnlich.

Der Grüne oder Ährenträger-Pfau ist größer und hochbeiniger als der Blaue Pfau. Der Scheitelschopf besteht aus aufrecht stehenden, starren, schmalen, fast in der ganzen Länge mit schmalen, rückwärts gerichteten Fahnen versehenen Federn. Die Halsfedern sind auch beim Hahn wie die Rückenfedern schuppenförmig, goldgrün metallglänzend, die größeren in der Mitte dunkelblau mit goldgrünen Säumen. Armschwingen und Flügeldecken sind schwarz mit erzgrünem und stahlblauem Glanz. Die nackte Gesichtshaut ist um das Auge herum hellblau und in der Ohrgegend und am Schnabelgrund chromgelb.

Die Henne ähnelt dem Hahn, hat aber keinen „Schweif“ und die Rückenfedern sind nicht schuppenförmig und glänzen weniger stark.

Die Nominatform ***Pavo muticus muticus*** lebt noch vereinzelt auf Java (Indonesien). In den 1960er-Jahren war sie auf der Malaiischen Halbinsel Malakka ausgestorben. Durch Unterstützung der WPA wird die Rückkehr dieser herrlichen Tiere in diesen Lebensraum vorbereitet.

Im Jahr 2000 wurden DNA-Proben von Bälgen aus der Sammlung der Nationalen Universität Singapur und dem Naturhistorischen Museum in Tring, England, genommen. Diese Bälge stammten aus verschiedenen Gebieten der Malaiischen Halbinsel, gesammelt zu Beginn des vergangenen Jahrhunderts.

Die Untersuchungen ergaben, dass die Unterart, die ursprünglich auf Malakka vorkam, der Java-Ährenträgerpfau – *Pavo muticus muticus* – war. Diese DNA-Proben dienen als Vergleichsmaterial für das Wiedereinbürgerungsprogramm.

2003 wurden DNA-Proben verschiedener mutmaßlicher Zuchttiere in England und Deutschland gewonnen und mit den Museumsproben verglichen. Es stellte sich tatsächlich heraus, dass die Tiere identisch sind.

Aus diesen Zuchtbeständen wurden 2005 insgesamt 18 Jungtiere als künftige Zuchtgruppe nach Malakka in die Zuchtzentren Lungkai und Jemoluang gesandt. Bejagung und Habitatverlust durch ausgedehnte Urwaldrodungen für Ölpalmplantagen waren die Hauptursachen für die Ausrottung der Pfauen. Daher hat die Nationalparkverwaltung Wiedereinbürgerungsgebiete mit Bewachung gegen Wilderei eingerichtet. Wiedereinbürgerungen sind langfristige Programme, die unser aller Unterstützung bedürfen.

Die Unterart ***Pavo muticus imperator*** kommt in Vietnam, Thailand, Kambodscha, Laos und Ost-Burma vor. Der Hahn hat auf Hals, Oberrücken und Brust einen sehr kupferfarbigen, weniger goldgrünen Schimmer, die Unterbrust ist an den Seiten dunkler und matter, Mantel und Rücken sind etwas bläulicher, weniger goldig, Flügeldecken und Außenfedern der Handschwingen sind blauer, matter und mit weniger Grün an den Säumen.

Die Unterart Pavo muticus imperator des Ährenträger-Pfaus.

Die Unterart ***Pavo muticus spicifer*** lebt in West-Burma und Südost-Assam Der Hahn ist allgemein matter und blauer gefärbt. Die Kehle ist dunkelblau, Hals- und Brustfedern haben graugrüne Säume, der Rücken ist ebenfalls blauer, weniger goldgrün, die Flügeldecken sind schwarz mit schmalen, dunkelblauen Säumen. Die nackte Gesichtshaut ist weniger ausgedehnt und nicht so lebhaft gefärbt.

Die Pfauen bewohnen offene Landschaften mit eingesprengten Buschgehölzen bis etwa 1000 m Höhe, Flussufer, Waldlichtungen, oft in der Nähe bebauter Felder und bewohnter Orte. In Indien, wo sie als heilige Vögel geschont werden, sind sie zutraulich, in anderen Gegenden dagegen sehr scheu und vorsichtig. Sie sollen manchmal auch in einer Art Symbiose mit dem Tiger oder dem Leoparden leben.

Die Nahrung besteht aus Sämereien, Früchten, Beeren, Insekten und kleinen Wirbeltieren.

Die Stimme ist laut und auffallend. Der Blaue Pfauhahn ruft laut „fahaau". Diesen Ruf lässt er regelmäßig auch als Antwort auf einen lauten Zuruf, Knall, Schuss und so weiter erschallen. Die Henne gibt kehlige Glucklaute von sich. Der grüne Ährenträger-Pfau ruft ganz anders „gook ha on ha". Sein Warnruf erklingt wie „kwok kwok kwok".

Der Ährenträger-Pfau in voller Schönheit.

Die Balz der Pfauenhähne ist prächtig und allbekannt, wenn auch in ihren Einzelheiten meist nicht richtig gedeutet. Der Hahn folgt, wie Heinroth betont, niemals einer Henne, sondern verhält sich, wenn eine Henne sich nähert, ruhig und macht nur einige Halsbewegungen, die seine Erregung verraten. Dann schlägt er, oft sehr viel später, auf einem freien Platz sein „Rad", indem er, unterstützt von den aufgerichteten steifen Steuerfedern, die stark verlängerten Oberschwanzdecken aufrichtet und fächerförmig ausbreitet. Die Radfläche steht meist senkrecht, wird aber in der Nähe eines Baumes oder Abhanges bis zu einem Winkel von 45 Grad nach hinten gesenkt, um etwa aufgebaumten oder am Hang höher stehenden Hennen den Anblick des Rades zu ermöglichen. Hierbei wird aber niemals eine Henne vom Hahn direkt angebalzt.

Die Henne kommt dann wie zufällig, etwas vom Boden aufpickend, auf den Rad schlagenden Hahn zu, der sich aber sofort umdreht und der Henne die Rückseite zuwendet. Diese rennt darauf gleich um das Rad herum an dessen Vorderseite. Jetzt lässt der Hahn durch zitternde Bewegungen der Federn ein lautes Rascheln des Rades ertönen und dreht der Henne erneut die Rückseite zu, worauf die Henne wieder an die Vorderseite des Rad schlagenden Hahns eilt.

Dieses Spiel wiederholt sich viele Male, bis endlich die Henne sich vor dem Hahn niederduckt und dieser daraufhin das Rad raschelnd erzittern lässt und mit einem lauten „Miiau"-Ruf auf die Henne fährt und nach Hühnerart die Begattung ausführt. Auch Hennen und unreife Hähne „schlagen Rad", was mithin eine allgemeine Erregungshaltung und nicht nur Bestandteil der geschlechtlichen Balz ist. Das Radschlagen des Pfauhahns wird nach gegenwärtiger Anschauung als ein ritualisiertes Futteranbieten an die Henne gedeutet.

Streitende Pfauhähne umgehen sich mit eigentümlicher Halshaltung und springen wie Haushähne, mit den Sporen schlagend, aneinander hoch. Das Nest wird am Boden errichtet und mit vier bis acht, meist fünf bis sechs dickschaligen, glänzenden und fleckenlosen Eiern belegt, die in 27 bis 30, in der Regel in 28 Tagen erbrütet werden.

Die Küken sind mit der eigenen Mutter, einer Truthenne oder großen Haushenne leicht aufzuziehen. Sie wachsen allerdings langsam und sind besonders in der Zeit, wenn der Kopfschmuck sprießt, gegen Nässe, Feuchtigkeit und Kälte empfindlich. Die Ährenträger-Pfauen sind zarter und bedürfen sorgfältiger Pflege. Die Pfauhennen sind sehr gute Brüter und Mütter, unter deren langen Schwanzfedern die Küken erfolgreich sicheren Schutz finden.

Als Futter bekommen die Pfauen gewöhnliches Hühnerfutter, Gerste, Weizen, geschälten Hafer, im Winter etwas Mais, ein kräftiges Weichfutter aus gekochten Kartoffeln, Weizenkleie, geschabten Mohrrüben mit Fleischmehl und Knochenschrot sowie sehr viel frisches Grün, Möhren und so weiter zum Hacken. Zur Fütterung aller Pfauen sind die im Handel angebotenen Pelletmischungen für Truthühner hervorragend geeignet und bei den meisten Züchtern allgemein üblich.

Als große Vögel brauchen sie sehr große Unterkünfte von mindestens 3 x 3 m Bodenfläche und etwa 3 bis 3,5 m Höhe, da die Sitzstangen mindestens 1,5 m über dem Boden angebracht sein müssen, damit der sitzende Vogel den Schweif nicht zerstößt und ihn auch beim Wenden nicht an der Wand anstößt und beschädigt.

Der Pfau eignet sich auch zur Freihaltung in Hof, Garten und Park, wo er ganzjährig auf Bäumen, Mauern und Ähnlichem frei übernachten kann, sofern Verfolgungen durch Menschen und Tiere ausgeschlossen sind.

Der Grüne oder Ährenträger-Pfau ist im Ganzen lebhafter, aggressiver und unverträglicher als der Blaue Pfau. In Parkanlagen frei laufende Ährenträger-Pfauen greifen häufig Kinder und Frauen an und sind deshalb für den Freiflug nicht zu empfehlen. Beide Arten kreuzen sich leicht miteinander und ergeben unbeschränkt fruchtbare Mischlinge. Diese Mischlinge werden **Spalding-Pfauen** genannt.

Unterfamilie Kongopfauen (Afropavoninae)

Kongopfauen *(Afropavo)*

Im Gegensatz zu früher werden die Kongopfauen einer eigenen Gattung zugeordnet, die nur mit einer Art vertreten ist.

Kongopfau *(Afropavo congensis)*

Schutzstatus nach WA: Anhang I EG A

Im Jahr 1913 wurde aufgrund einer gefundenen Feder vermutet, dass der Kongopfau existiert. Aber erst 1936 wurde die im Urwaldgebiet des mittleren Kongos in Afrika beheimatetet Art beschrieben.

Ein bis zu 10 cm hohes Büschel borstenartiger weißer Federn steht senkrecht auf dem Scheitel des Hahns, hinter dem sich eine Reihe schwarzer, ebenfalls aufrechter, aber kürzerer Federn befindet. Die Haut des schwach befiederten Halses ist rot. Der Rücken des vor allem schwarzen Hahns hat einen metallgrünen Schimmer, der auf den Flügeln mehr rötlich violett wird. Die Schwanzdecken sind nicht wie bei asiatischen Pfauen stark verlängert.

Schwarzes Feld =
Verbreitung des Kongopfaus
Afropavo congensis

Bei der Henne ist der borstenartige Federschopf kleiner, die weißen Federn fehlen fast immer. Dafür hat die Henne anstelle der schwarzen Schopffedern solche von braunroter Farbe. Oberseits ist sie bräunlich mit schwarzen Flecken und deutlichem Grünschimmer, unterseits grünlich mit brauner Fleckung. Die Henne hat keine Sporen, während der Hahn gespornt ist.

Der Kongopfau lebt im undurchdringlichen Urwald, wo er tagsüber am Boden seine aus Beeren, Körnern, Früchten, Insekten und anderen Kleintieren bestehende Nahrung sucht. Auch Knospen, Blatttriebe und andere grüne Pflanzenteile werden anscheinend gefressen. Offenbar leben diese meist paarweise angetroffenen Hühner in Einehe.

Frisch gefangene Kongopfauen wurden erfolgreich mit Bodentermiten, später mit einem Weichfutter aus Reis, Ei, gekochtem Fleisch sowie mit Früchten und Körnern gefüttert. Eingewöhnt waren sie ruhig und gutmütig, die Hähne untereinander aber unverträglich. Bei der Balz wird, nach Beobachtungen in menschlicher Obhut zu urteilen, der angeschwollene Hals lang ausgestreckt, wobei der Schwanz, die Flügel und der Schopf gespreizt und grunzende Töne ausgestoßen werden.

Typisch für den Kongopfau-Hahn ist das Büschel aus weißen und schwarzen Federn.

Das Nest wurde in einer dunklen Ecke angelegt und mit drei hellrötlich braunen Eiern belegt. Nach 26 Tagen schlüpfte das lederbraune, schwarz gezeichnete Junge. Nachts hört man (nach Berichten) von hohen Baumästen herab den Doppelruf des Paares, wobei der Hahn ein höheres „gowi“ ertönen lässt, dem die Henne mit einem tieferen „gowäh“ antwortet. Ab und zu hört man von den schweigsamen Vögeln ein leises kehliges Glucken.

Inzwischen ist es dem Antwerpener Zoo als Zuchtbuchführer und vielen anderen zoologischen Gärten gelungen, den Kongopfau ziemlich regelmäßig zu züchten. Doch ist die Vermehrungsrate außerordentlich gering und es lässt sich heute noch nicht absehen, ob es einmal gelingen wird, diese heikle Art in menschlicher Obhut zu erhalten.

Unterfamilie Truthühner (Meleagridinae)

Von Christian Möller

Gelegentlich werden die Truthühner auch als eine eigene Familie innerhalb der Hühnerartigen dargestellt. Diese Meinung ist aber nicht haltbar, da eine enge verwandtschaftliche Beziehung zu den Fasanenartigen besteht. Somit werden die Truthühner in der Regel als Unterfamilie der Fasanenartigen angesehen. Sie sind nur durch eine Gattung mit zwei Arten vertreten.

Ein Pfauentruthahn (Meleagris ocellata).

Truthühner *(Meleagris)*

DIE WILDFORM

Die Art Meleagris gallopavo *ist die Wildform unserer Haustruthühner. Sie ist im nordamerikanischen Kontinent – im Süden bis nach Mexiko – verbreitet. Insgesamt werden sieben verschiedene Unterarten unterschieden. Sie wird hier nicht näher beschrieben.*

Pfauentruthuhn *(Meleagris ocellata)*

Das **Pfauentruthuhn** ist im Freiland viel seltener als die Wildform, hat aber aufgrund des außergewöhnlichen äußeren Erscheinungsbilds und seines Verhaltens einen gewissen Liebhaberkreis gefunden und wird relativ häufig in Menschenobhut gehalten und gezüchtet.

Der Pfauentruthahn kommt auf der Halbinsel Yukatan in Mexiko, in Belize, Guatemala und Honduras vor. Dort leben diese Vögel in Familienverbänden und streifen über weite Gebiete durch die Savannen und den tropischen Regenwald auf der Suche nach Nahrung. Diese besteht überwiegend aus verschiedenen Pflanzenteilen, Sämereien und Insekten.

Das prächtige Gefieder diese Hühnervögel schillert je nach Lichteinfall blau, grün oder violett. Die Enden der Stoßfedern zieren ausgeprägte Glanzflecken (Pfauenaugen), daher der Name.

Seinen Namen verdankt der Pfauentruthahn den schillernden Glanzflecken.

Die Hähne werden bis zu 100 cm lang und erreichen ein Gewicht von bis zu 4 kg. Die Hennen sind in der Regel ein Drittel kleiner und mit etwa 2 kg entsprechende leichter.

Die Gelegegröße beträgt sechs bis zwölf Eier. Auf dem gelblichen Schalengrund sind kleine braune Flecken zu sehen, wie wir sie von den Haustruthühnern her kennen. Das Eigewicht beträgt ungefähr 50 g, die Brutdauer 28 Tage.

Leider brüten Pfauentruthühner in menschlicher Obhut nicht sicher, sodass eine Brut mit Ammen anzuraten ist. Die Dunenküken zeigen auf der Oberseite eine dunkelgelbe Färbung mit schwarzen Pünktchen. Die Dunen der Unterseite sind hellgelb. Bereits beim Schlupf sind die Handschwingen zu erkennen und nach einer Woche gut sichtbar, sodass die Küken mit der Amme bereits auf niedere Äste in der Aufzuchtvoliere aufbaumen können. Auf entsprechende Wärme ist zu achten, da junge Pfauentruthühner empfindlich auf Schnupfenerreger reagieren.

Das volle Balzverhalten zeigen die Hähne im 3. Lebensjahr; Hennen legen bereits im 2. Lebensjahr. Die Balz ist ein eindrucksvolles Schauspiel. Der Hahn nimmt eine geduckte Stellung ein, um im nächsten Augenblick mit hochgestrecktem Kopf ein mehrfaches tiefes Kollern ertönen zu lassen. Vor der eigentlichen Hauptbalz schwenkt der Hahn in schneller Folge den nur teilweise gefächerten Stoß in beide Seitenrichtungen, um dann bei gleichzeitigem Sträuben des Rücken- und Brustgefieders mit ausgebreitetem Schwanz und vibrierenden Handschwingen die Henne zu umrunden. Später duckt sich der Hahn mit weiterhin vibrierenden Flügeln und schnell trampelnden Füßen im Gehege, worauf eine paarungsbereite Henne sich ebenfalls niederduckt. Daraufhin umkreist der Hahn diese mehrfach, um sie dann nach der bekannten Hausputerart zu besteigen. Nach einigem Herumtrampeln erfolgt dann die Kopula als Sekundenakt.

Die ersten Pfauentruthühner kamen Mitte des 19. Jahrhunderts aus Mittelamerika nach England. Danach werden einzelne Import nach Deutschland verzeichnet ohne konkrete Nachzuchterfolge. Erst Mitte des 20. Jahrhunderts gelang es dem weltbekannten Tierfänger Cordier, diese Vögel nach Frankreich und den USA zu liefern. So erhielt auch der Zoo San Diego einige Pfauentruthühner.

Der heutige Bestand in menschlicher Obhut geht auf diesen Genpool zurück. Anfänglich musste künstliche Besamung den Bestand sichern. In Deutschland war in den letzten Jahrzehnten der Zoo Frankfurt am Main herausragend erfolgreich.

Das tiefe Kollern bei lang ausgetrecktem Hals gehört zum Balzverhalten des Pfauentruthahns.

Die Tiere in der eigenen Zuchtanlage kamen Anfang der 1990er-Jahre aus einem europäischen Zoo, die wiederum Nachzuchttiere aus dem Frankfurter Zoo waren. Nach kurzer Eingewöhnungszeit wurden sie sichtbar ruhiger und als angenehme Pfleglinge distanziert zutraulich.

Pfauentruthühner werden relativ zutraulich gegenüber bekannten Personen.

Leider neigen Pfauentruthühner im Gehege bei unbekannten Geräuschen oder fremden Personen zu panikartigen Fluchtversuchen und verletzen sich dadurch schnell an den Gehegebegrenzungen. In meiner Anlage haben sie Ausläufe von 12 m Länge, sodass sie genügend Rückzugsmöglichkeiten haben und ich bis jetzt von solchen Ausfällen verschont geblieben bin.

Entsprechend ihrer tropischen Heimat benötigen Pfauentruthühner in Europa einen frostfreien, trockenen Innenraum zur Überwinterung. Bei mir ist der Boden dieses Innenraums mit einer dicken Sandschicht bedeckt. Andere Halter verwenden hierfür auch organische Einstreu wie Strohhäcksel, Rindenmulch oder Ähnliches. Ich lehne dies allerdings prinzipiell ab, da hierdurch die Gefahr einer Atemwegserkrankung wesentliche größer ist.

Im 3. Lebensjahr der Tiere gab es die ersten befruchteten Gelege. Die Eier wurden Hühnerammen untergelegt und so schlüpften die Küken ausnahmslos ohne Probleme unter der Amme. Auch im Schlupfbrüter bei einer Luftfeuchtigkeit von 60 % und einer Temperatur von 37,5 °C entwickelten sich die Küken gut.

Sie nahmen das gereichte Aufzuchtfutter – Putenstarter P1, feuchtkrümelig – angereichert mit Eierstich und gehackten jungen Brennnesseln sowie Schnittlauch vom ersten Tag an bereitwillig auf. Einige Mehlkäferlarven auf das Erstlingsfutter gestreut animieren zusätzlich zur Nahrungsaufnahme. In der Aufzuchtvitrine wirken einige dazugesetzte Fasanenküken beruhigend.

Lässt man die kleinen Truthühner von einer Amme aufziehen, ist es für die Gesundheitsvorsorge wichtig, dass diese schon während der Brutzeit vorbeugend mit einer Kur gegen die Erreger der Leberblinddarmentzündung behandelt werden. Denn dafür sind alle Truthühner extrem anfällig. Leider gehören diese Erreger oft zur normalen Darmflora unserer Haushühner. In den letzten Jahren habe ich meine Pfauentruthühner nur noch ohne Hühneramme aufgezogen und damit gute Erfolge erzielt.

Familie Perlhühner (Numididae)

In der Größe mittelschweren Haushühnern gleichend, haben die Perlhühner ziemlich hohe Läufe, abgerundete Flügel und eine verhältnismäßig kurzen, 14- bis 16-fedrigen, abgerundeten und abwärts gerichteten Schwanz. In der Bildung des Beckens und Brustbeins sowie bei der Gattung *Numida* eines knöchernen Höckers auf dem Scheitel oder bei *Guttera* einer Knochenleiste zwischen den Nasenbeinen und in der eigenartigen Gefiederzeichnung weichen diese Vögel von den anderen Hühnerarten sehr ab.

Afrikanische Waldperlhühner *(Agelastes)*

Schutzstatus nach WA: Anhang III

Diese Vögel sind wohl die urtümlichste Gattung der Perlhühner. Sie sind mit zwei Arten vertreten.

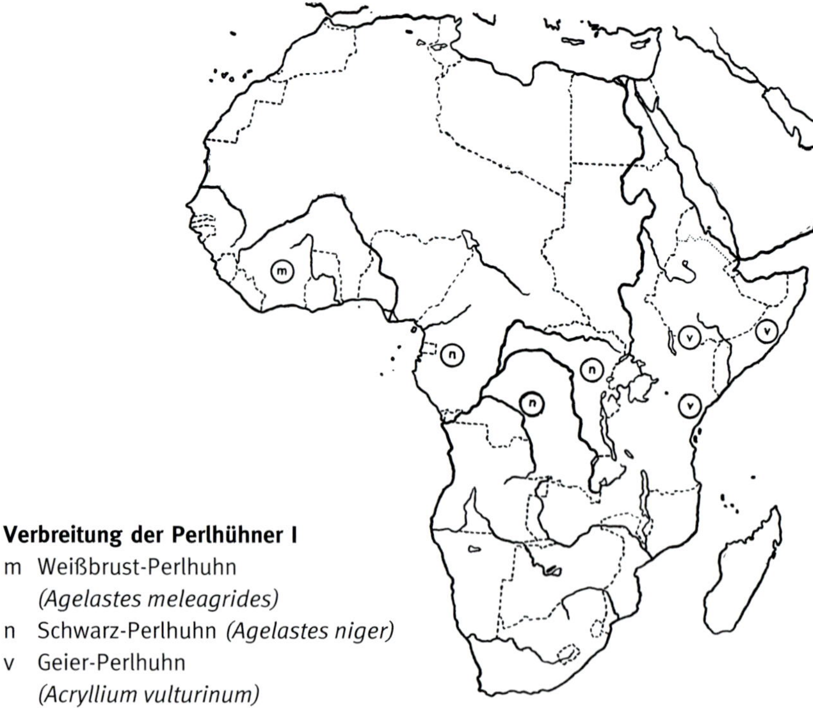

Verbreitung der Perlhühner I

m Weißbrust-Perlhuhn *(Agelastes meleagrides)*

n Schwarz-Perlhuhn *(Agelastes niger)*

v Geier-Perlhuhn *(Acryllium vulturinum)*

Weißbrust-Perlhuhn *(Agelastes meleagrides)*

Das Weißbrust-Perlhuhn oder Weißbrust-Waldperlhuhn ist in Liberia und an der Goldküste zu finden.

Die Tiere sind schwarz mit feiner, grauweißlicher Wellung, an Unterhals, Kropf, Oberbrust, Genick und Nacken sind sie rahmweiß. Kopf und Oberhals sind nackt, rosenrot, am Hinterkopf und obersten Hals dunkler. Der Hahn hat Sporen.

Schwarz-Perlhuhn *(Agelastes niger)*

Das Schwarz-Perlhuhn oder Schwarz-Waldperlhuhn stammt aus dem zentralafrikanischen Urwaldgebiet vom südlichen Kamerun südwärts bis Landana und ostwärts durch das Kongogebiet bis in das Gebiet des Ituri.

Die Tiere sind ganz schwarz mit matter, fein gelblich bräunlicher Wellung. Kopf und Vorderhals sind nackt und rötlich violett. Längs der Oberkopfmitte läuft ein Streifen kurzer, samtartiger Befiederung, im Nacken stehen kurze, zerschlissene Federchen. Nur der Hahn hat kurze, stumpfe Sporen an den Läufen.

Beide Arten sind ungemein scheue, ganz versteckt und meist nur paarweise lebende Bewohner des dichten Urwalds. Von ihrer Lebensweise ist nur wenig bekannt. Die Nahrung scheint hauptsächlich aus Insekten – besonders Termiten – Würmern, Schnecken, Beeren, Blattknospen, Sämereien und anderen Pflanzenteilen zu bestehen. Die Vögel leben offenbar in Einehe.

Die Eier des Schwarz-Perlhuhns sind blassrötlich braun mit verwaschenen, violetten und bräunlich gelb gewölkten Flecken und messen 42 x 34 mm. Die Eier des Schwarz-Perlhuhns sind hellrötlich isabellfarben mit weißlichen Poren und etwa 45 x 35 mm groß.

Beide Arten sind wiederholt in menschlicher Obhut gehalten, aber noch nicht gezüchtet worden. So wurde *Agelastes niger* jahrelang im Zoo Antwerpen, *Agelastes meleagrides* ebenso erfolgreich in den Zoologischen Gärten von Berlin und Frankfurt gehalten. Zwei Hennen des Weißbrust-Perlhuhns legten im Frankfurter Zoo wiederholt Eier, doch war leider kein Hahn aufzutreiben.

Beide Arten wurden während der kalten Jahreszeit in beheizten Unterkünften gehalten, erwiesen sich aber als auch nicht empfindlicher als andere tropische Hühnervögel.

Helm-Perlhühner *(Numida)*

Bei den Helm-Perlhühnern handelt es sich um eine monotypische Gattung, deren eine Art allerdings durch zahlreiche Unterarten vertreten ist.

Helm-Perlhuhn *(Numida meleagris)*

Diese Vögel zeichnen sich durch den Besitz eines knöchernen und mit einer festen Hornhaut umkleideten „Helmes" auf dem Scheitel aus, der je nach Unterart und auch Alter und Geschlecht verschieden ausgebildet sein kann: mal höher, mal niedriger, mal gerade, mal rückwärts gebogen. Sporen an den Läufen fehlen in beiden Geschlechtern wie bei den Hauben-Perlhühnern. Das grauschwarze Gefieder ist mit runden, weißen Perlflecken übersät.

Die bekannteste Unterart, das **Guinea-Perlhuhn *Numida meleagris galeata***, ist die Stammform des Hausperlhuhns. Es ist zu finden in Westafrika vom Senegal bis Kamerun und nordwärts bis Air.

Die Tiere haben einen verhältnismäßig wenig hohen Helm, borstenartig aufrecht stehende Haarfedern am Hinterkopf, eine bläulich weiße, nackte Haut an Wangen und Hals, eine türkisgrünliche Kehle, einen orangefarbenen Schnabel, graue Füße und verhältnismäßig große, rundliche bis spitz-ovale, oben grünlich weiße, an der Spitze rote Kehllappen sowie ein lilagräuliches bis weinrötliches Band um Kropf und Unterhals.

Ein Helm-Perlhuhn aus Kenia.

Im nordwestlichen Marokko lebt die Unterart ***N. m. sabyi*** mit einem höheren Helm und ohne lilagraues Kropfband. In Süd-Kamerun und von Gabun bis zum mittleren Kongo kommt die Unterart ***N. m. marchei*** vor. Sie hat einen ganz niedrigen Helm. In Ost-Kamerun bis zum mittleren Schari und unteren Ubangi lebt ***N. m. strasseni*** mit hellerem Kropfband und dunklerer Gesamtfärbung. In Nordost-Kamerun vermutet man die Unterart ***N. m. blancoui***, wobei noch nicht gesichert ist, ob es sich wirklich um eine eigene Unterart handelt.

Für die Nominatform, das nordostafrikanische **Pinselperlhuhn *N. m. me-***

leagris, das vom Tschadsee durch den Sudan bis Kordofan, Bahr el Ghazal, Eritrea, Nord-Äthiopien und Südwest-Arabien vorkommt, sind die pinselartigen, aufrecht stehenden Borstenfedern über den Nasenlöchern kennzeichnend. Der Helm ist kurz und kegelförmig. Am Hinterhals und Genick vertreten dicke, weiche, wollige, etwas gekräuselte, bräunliche Lockenfedern die borstenartigen Haarfedern der anderen Formen. Die sehr großen, breiten Schnabellappen sind ganz blau.

Im afrikanischen „Osthorn", Somaliland südlich bis zum Juba, lebt die kleinhelmige Unterart ***N. m. somaliensis***, im Ubangi-Schari-Gebiet, am oberen Weißen Nil bis zum Uelle, Semliki und Nord-Uganda ***N. m. major***, am Nordufer des Victoria-Nyanza ***N. m. neumanni***, am Südfluss des Ruwenzori bis zum Edward-See ***N. m. toruensis***, südlich vom Rudolf-See und am Turquel ***N. m. macroceras***, im Gebiet östlich vom Victoria-Nyanza bis zum Kenia und Kilimandscharo ***N. m. reichenowi*** mit hohem Helm, in Ankole ***N. m. intermedia*** und im Küstenland von Ostafrika von Süd-Kenia bis zum Sambesi sowie auf Madagaskar ***N. m. mitrata*** mit sehr niedrigem, dreikantigem Helm, deutlichen Haarfedern im Genick und schwarz-weißer Querzeichnung auf den befiederten Teilen des Unterhalses.

Ähnlich sind ***N. m. rikwae*** aus dem Gebiet zwischen Tanganjika- und Rukwa-See, ***N. m. uhehensis*** aus Uhehe in Ostafrika, ***N. m. marungensis*** aus dem Katanga-Bezirk, ***N. m. callewaerti*** aus dem Kassai-Bezirk, ***N. m. maxima*** aus dem Hochland von Süd-Angola und auch ***N. m. papillosa*** aus dem Kalahari- und Ngami-Gebiet, das Nasenwarzenperlhuhn, das auf der Wachshaut über den Nasenlöchern dickliche Warzenbildungen hat.

In die Gruppe der letztgenannten Unterarten gehören auch ***N. m. transvaalensis*** aus Nordwest-Transvaal, ***N. m. limpopoensis*** aus dem Nordosten von Transvaal, ***N. m. coronata*** aus Natal und Ost-Kapland und ***N. m. damarensis*** aus Namibia.

Im Gegensatz zu den Wald bewohnenden Hauben-Perlhühnern (siehe 154 ff.) sind die Helm-Perlhühner vor allem Bewohner der offenen Steppe. Sie sind allgemein sehr gesellig und kommen in Ketten von hundert und mehr Stück vor. Nur in der Brutzeit leben die Paare dieser durchaus einehigen Hühner innerhalb der Gemeinschaft für sich etwas abgesondert. Aufgescheucht rennen diese Hühner zunächst immer zu Fuß davon und fliegen erst auf, wenn sie keinen anderen Ausweg sehen, um in der Krone eines Baumes Zuflucht zu suchen.

Die Stimme klingt etwas gequetscht. Der kurze Lockruf beider Geschlechter, als Stimmfühlung gebraucht, klingt wie „tschit-tschirr" oder „tschick", „tschirrrik", „tschirr". Der laute, jedoch nur von der Henne andauernd ausgestoßene Ruf lautet „tschiquè, tschiquè, tschiquè". In größter Erregung und Zorn ruft der Hahn auch „tschitscheraràh".

Die Nahrung besteht aus Insekten, besonders Heuschrecken und Termiten, sowie Schnecken, Würmern, Körnern, Samen – vor allem von Getreide und Hülsenfrüchten –, ferner aus Beeren, Knospen, jungem Laub und frisch sprießendem Gras sowie aus herausgewühlten Zwiebeln, Knollen und Ähnlichem.

Das Nest steht meist in hohem Gras unter einem Strauch oder Stein. Die 50 bis 54 x 39 bis 41 mm großen, fast einfarbig gelblich bis hellbraunen Eier werden in 27 Tagen erbrütet. Die Zahl der Eier beträgt gewöhnlich zwölf bis 15 oder auch mehr.

Im Allgemeinen sind die Helm-Perlhühner als Steppenbewohner härter und weniger kälteempfindlich als die Wald bewohnenden, Wärme liebenden Hauben-Perlhühner. Doch verlangen alle Formen dieser afrikanischen Vögel bei uns einen warmen, zugfreien und trockenen, in den meisten Fällen auch etwas beheizbaren Unterkunftsraum und einen recht geräumigen, mit Schatten- und Regenschutzmöglichkeiten ausgestatteten Auslauf. Die Fütterung ist recht vielseitig zu gestalten und dem Pflanzen- wie dem Tierreich zu entnehmen; sie gleicht im Übrigen aber derjenigen der anderen behandelten Arten.

Hauben-Perlhühner *(Guttera)*

Die Vögel dieser Gruppe sind durch auffallende Federhauben ausgezeichnet, die aus einem fettigen Bindegewebekissen auf Knochenleisten zwischen den Nasenbeinen entspringen und den Oberkopf zieren. Kopf und Oberhals sind ansonsten nackt. Die verlängerte Luftröhre liegt in einer Schlinge in einer taschenförmigen Ausweitung des Gabelbeines.

Schlichthauben-Perlhuhn *(Guttera plumifera)*

Diese Art wird außer durch die Nominatform noch durch eine weitere Unterart vertreten.

Die Nominatform ***Guttera plumifera plumifera*** lebt in Kamerun, Gabun und an der Loangoküste. Bei ihr sind die Haubenfedern schlicht, gerade gestreckt, bürstenartig schräg aufwärts gerichtet und haarartig dünn, an der Stirn kürzer, nach hinten länger werdend. Beidseits am Schnabelwinkel hängen nackte, unten zugespitzte Hautlappen herab. Das Gefieder ist vollkommen mit kleinen weißen, blau angehauchten Rundflecken geperlt, auch am Hals, die sich vom grauschwarzen Gefiedergrund deutlich abheben. Die nackten Teile an Kopf und Hals sind graublau, an Kehle und Wangen schwärzlich.

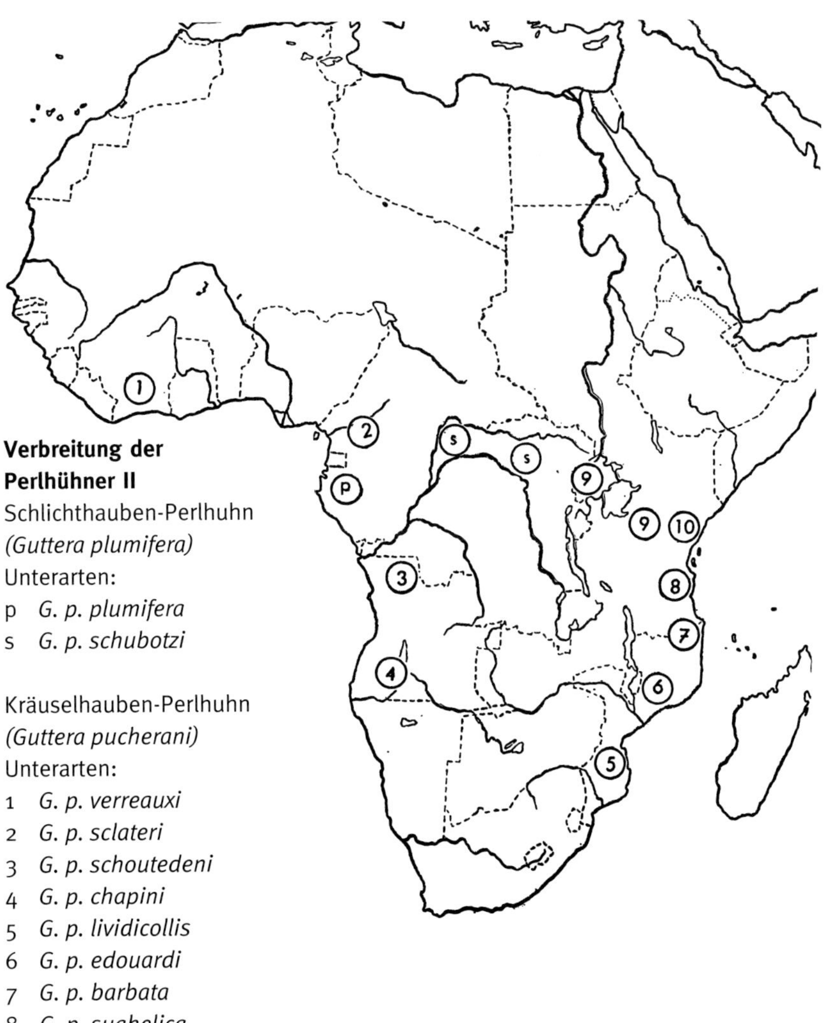

Verbreitung der Perlhühner II

Schlichthauben-Perlhuhn
(Guttera plumifera)
Unterarten:
p *G. p. plumifera*
s *G. p. schubotzi*

Kräuselhauben-Perlhuhn
(Guttera pucherani)
Unterarten:
1 *G. p. verreauxi*
2 *G. p. sclateri*
3 *G. p. schoutedeni*
4 *G. p. chapini*
5 *G. p. lividicollis*
6 *G. p. edouardi*
7 *G. p. barbata*
8 *G. p. suahelica*
9 *G. p. seth-smithi*
10 *G. p. pucherani*

Im nördlichen Kongogebiet vom Ubangi bis zum Semliki ist die Art durch die Unterart ***G. p. schubotzi*** vertreten, bei der ein gelber Ring am nackten Hinterhals und eine gelbe Querfläche an der hinteren Wange vor der Ohröffnung vorhanden sind.

Die Nominatform des Kräuselhauben-Perlhuhns Guttera pucherani pucherani.

Kräuselhauben-Perlhuhn *(Guttera pucherani)*

Bei der Nominatform dieser Art ***Guttera pucherani pucherani*** sind die Haubenfedern gekräuselt, zweifahnig, aber weich und hängen in dichter Masse über. Das Gefieder ist auf grauschwarzem Grund weißlich blassblau geperlt. Die Außensäume der äußeren Armschwingen sind rahmweiß. Die nackte Haut an Halsseiten und Nacken ist blau, an Wangen und Hinterkopf rot. Bei der Nominatform ist die Befiederung des Unterhalses fein blauweißlich geperlt wie am übrigen Körper und nicht wie bei allen anderen Unterarten des Kreises einfarbig schwarz. Trotzdem ist es richtig sie alle zusammen in einem einzigen Unterartenkreis zu vereinigen, die sich geografisch untereinander vertreten.

Das Kräuselhauben-Perlhuhn lebt im Küstengebiet von Ostafrika vom Juba bis zum Pangani, landeinwärts bis zum Mount Kenia und Kilimandscharo. In Ostafrika von Ugogo bis Lindi wird es durch ***G. p. suahelica*** vertreten mit schwarzem Unterhals, rotem, nacktem Oberhals und einem roten Fleck unter dem Auge. Bei ***G. p. barbata*** aus dem Südwesten Tansanias ist dort gar kein Rot vorhanden. ***G. p. edouardi*** aus Süd-Malawi und vom Sambesi bis Ost-Transvaal hat eine weißgelbe Binde im Nacken. Bei ***G. p. lividicollis*** von Natal ist die Kehle dunkelblau. In Süd-Angola lebt ***G. p. chapini***, im südlichen Kongogebiet ***G. p. schoutedeni***, im Norden und Osten des Waldgebiets vom Ubangi bis zum abflusslosen Graben im Osten und zum Semliki im Süden sowie in Tansania bis zum Pangani ***G. p. seth-smithi*** und im westlichen Oberguinea von Bega bis Togo ***G. p. verreauxi*** mit roter Kehle und ansonsten gräulich blauer Färbung an Kopf und Hals. Die in Süd-Kamerun lebende Unterart ***G. p. sclateri*** hat etwas abweichende Haubenfedern, die an der Stirn kurz, haarartig dünn und gerade aufgerichtet, nicht gekräuselt, also denen des schlichthaubigen Perlhuhns ähnlich sind und erst auf dem Scheitel lang, gekräuselt und rückwärts überhängend gekrümmt sind.

Beide Arten der Hauben-Perlhühner sind vor allem Waldbewohner, die zwar auch in die offene Landschaft hinaustreten, aber sich doch immer in Waldnähe aufhalten, um sich bei Gefahr sofort dorthin zurückziehen können. Sie sammeln sich manchmal zu Ketten aus fünfzig bis hundert Stück zusammen.

Beim Futtersuchen halten sie sich mit einem wie „quack“ klingenden Ton in Stimmfühlung. Laut und schallend rufen sie „tick-teck, tick-teck, tirr, tirr“. Zu Beginn der Dämmerung ertönt nach Ghigi ein signalartiges Geschrei, das wie „tatti, tatti, tatti, tattarara, tattarara, tattarara“ klingt.

Die Nahrung besteht aus allerlei Sämereien, Beeren, Blattknospen, verschiedenen Insekten, Schnecken, Würmern und so weiter. Das Nest wird unter einem Strauch oder im hohen Gras an Waldrändern errichtet. Offenbar leben die Vögel wie alle Perlhühner in Einehe. Die im Durchschnitt 47 bis 49 x 37 bis 41 mm großen, weißlichen, fein dunkelgefleckten Eier werden in 23 Tagen erbrütet.

Als Bewohner tropischer Urwälder, Waldsteppen und Galeriewälder benötigen Hauben-Perlhühner beheizbarer Unterkünfte. Denn obwohl diese Vögel ziemlich hart sind, muss man doch ihre Herkunft in Betracht ziehen und ihnen keine allzu unnatürlichen Lebensbedingungen in menschlicher Obhut bieten. Im Sommer müssen sie andererseits in ihren geräumigen Ausläufen geeignete Stellen haben, an denen sie sich vor praller Sonnenbestrahlung und Regen schützen können.

Als Futter erhalten sie neben einem kräftigen guten Geflügel- bzw. Fasanenfutter möglichst viel frisches Grün, Mohrrüben unter anderem zum Hacken und viele lebende Insekten, kleine Nacktschnecken und Würmer.

Geier-Perlhühner *(Acryllium)*

Die Gattung *Acryllium* ist nur mit einer Art vertreten.

Geierperlhuhn *(Acryllium vulturinum)*

Das Geierperlhuhn ist das schönste und farbenprächtigste Perlhuhn. Es ist grauschwarz mit weißer Perltüpfelung, an der Bauchmitte schwarz, an der Brust leuchtend hellblau, in der Mitte schwarz. Die bandartig verlängerten und lanzettförmig zugespitzten Unterhalsfedern sind schwarz mit weißem Mittelstrich und leuchtend hellblauen Säumen, also der Länge nach weiß-schwarz-blau gestreift.

Die Schwingen haben feine, weiße Längslinien; die äußeren haben hellviolettrot leuchtende Außensäume. Kopf und Vorderhals sind nackt, blaugrau,

Das Geier-Perlhuhn (Acryllium vulturinum) ist von allen Perlhühnern das farbenprächtigste.

Ein geräumiger und sonniger Auslauf ist für das Geier-Perlhuhn ideal.

mit einer quer gerichteten Binde aus kleinen, samtartigen, rotbraunen Federchen über dem Hinterkopf.

Der Hahn hat an den Läufen im Gegensatz zu Hauben- und Helm-Perlhühnern kleine knopfförmige Spornhöcker, die auch bei der Henne zuweilen angedeutet sind. Die mittleren Schwanzfedern sind lanzettförmig zugespitzt und sehr stark verlängert.

Die trockenen Gebiete des tropischen Ostafrikas von Süd-Somalia, Süd-Gallaland und Ost-Uganda südlich durch Ost-Kenia bis zum Pangani-Fluss in Ostafrika sind die Heimat dieses schönen Hühnervogels. Hier bewohnt er offene, trockene Steppen und liebt flache Ebenen. Als echter Steppenvogel ist er ein geschickter, schneller und ausdauernder Läufer, der sich auch auf der Flucht fast gar nicht auf das Fliegen verlässt.

Die Stimme ist sanfter und weicher als bei den anderen Perlhühnern und klingt etwas quietschend „tie tie ti tiet“. Von den Hennen hört man einen „huhi“ klingenden Lockruf. Die Nahrung besteht aus den gleichen Stoffen wie die der Helm-Perlhühner, doch scheinen Akaziensamen und auch Heuschrecken bevorzugt zu werden. Der Hahn ist meist nur an der etwas bedeutenderen Größe, dem lebhafteren Temperament und an dem Spornhöcker von der gleichgefärbten Henne zu unterscheiden.

Das Nest wird im hohen Gras unter einem Grasbüschel errichtet und mit zwölf bis 15 gelben, mit vielen bräunlichen Poren versehenen und ziemlich grob gekörnten, spitz-ovalen Eiern belegt, die in 24 Tagen erbrütet werden.

Allgemein nicht besonders zart und anfällig, vertragen Geierperlhühner nasskaltes Wetter jedoch gar nicht und verlangen viel Wärme und Trockenheit. Der Unterkunftsraum muss daher trocken, sonnig und auch beheizbar sein, ebenso wie der recht geräumige Auslauf warm und sonnig gelegen und ganz trocken sein muss und daher einen gut drainierten Boden erfordert. Im Übrigen verlangt das Geierperlhuhn keine andere Pflege als die übrigen Perlhuhn-Arten. Doch sollte man ihm möglichst viele lebende Insekten bieten.

Familie Hokkohühner (Cracidae)

Von Christian Möller

Diese Familie der Hühnervögel besteht aus elf Gattungen mit 45 beschriebenen Arten. Ihre Heimat sind die tropischen Wälder Mittel- und Südamerikas. Die meist putengroßen Baumbewohner mit ihrer eleganten Erscheinung leben monogam. Sie legen große Baumnester an, wobei sich beide Geschlechter am Nestbau beteiligen.

Das Gelege besteht bei den großen Arten der Gattung ***Crax*** aus zwei rauschaligen, etwa gänseeigroßen, weißen Eiern. Die kleineren Arten der Gattungen ***Penelope, Ortalis*** und ***Pipile*** zeitigen ein Gelege von jeweils drei bis vier Eiern.

Die Brutzeit beträgt bei allen Arten zwischen 28 und 36 Tage. Die Weibchen brüten allein und der Partner bewacht während der Brutzeit das Nest.

Eine anatomische Besonderheit dieser Familie der Hühnervögel ist eine extrem verlängerte Luftröhre, die sich als Schlinge unter der Haut und dem Brustmuskel U-förmig duch den Körper zieht. Damit werden tiefe Brummtöne und hohe Pfeiftöne von Tieren der Gattung Crax erzeugt. Vertreter der Gattungen *Ortalis* und *Penelope* erzeugen dadurch stimmgewaltige Schreikonzerte als Duett der Paare. Die leiseren Pfeiftöne von Hokkohühnern der Gattung *Pipile* heben sich davon wohltuend ab.

Eine Knopfschnabelhokko-Henne mit ihrem Nachwuchs.

Alle Hokkos ernähren sich in der Natur vorwiegend von Früchten aller Art, verschiedenen Pflanzenteilen sowie von wenigen Insekten und kleinen Reptilien. Eine naturgemäße Ernährung in menschlicher Obhut ist der Schlüssel für eine erfolgreiche Reproduktion. Hokkos in unseren Volieren lassen sich zwar über viele Jahre mit den vielen üblichen Fertigfuttermischungen ernähren. Eine regelmäßige Nachzucht stellt sich aber erst ein, wenn die Tiere artgerecht und naturgemäß ernährt werden.

In der eigenen Zuchtanlage in Erfurt gibt es täglich eine Obstmischung und Geflügelpellets mit 20 % Eiweißanteil, angereichert mit Gemüse je nach Angebot des Großmarkts. Während der Zuchtzeit von März bis Juli/August gibt es alle zwei Tage noch ein gekochtes Hühnerei und einige Mehlkäferlarven zusätzlich.

Die Küken erhalten Putenaufzuchtfutter P1 und P2 mit 28% bzw. 25% Eiweißanteil, basierend auf Soja, dazu Eierstich und geriebenen Apfel als feuchtkrümelige Mischung sowie einige Mehlkäferlarven. In den ersten Lebenswochen gibt es außerdem dazu klein gewürfelte Bananenstückchen. Anderes Obst gibt es zunächst nicht, da es in der ersten Lebensphase oft zu Verdauungsstörungen führt. Eine Fütterung mit der Pinzette durch Vorhalten der Nahrung ist nur in Einzelfällen in den ersten Tagen notwendig.

Leider brüten nicht alle Hokko-Hennen zuverlässig, sodass häufig die Brutmaschine in Aktion treten muss. Die Eier werden unmittelbar – aber spätestens 48 Stunden – nach der Eiablage in die Brutmaschine gelegt. Eine Bruttemperatur von 37,5 °C und eine Luftfeuchtigkeit von 55% sowie mehrmaliges tägliches Wenden sind für die Entwicklung der Embryonen unerlässlich. Der Wendevorgang wird drei Tage vor dem Schlupf eingestellt, die Bruttemperatur auf 36,5 bis 37,0 °C verringert und die Luftfeuchtigkeit auf 65% erhöht.

In der Zuchtanlage bei Lopez in Mexiko wird dagegen mit einer Luftfeuchtigkeit von über 80 % gebrütet und während des Schlupfes sogar auf 90 % erhöht. Ich halte diese hohe Luftfeuchtigkeit für nicht notwendig und habe nach eigenen Erfahrungen mit den niedrigeren Werten bessere Schlupfergebnisse erzielt.

Die abgetrockneten Dunenküken kommen in eine Aufzuchtbox mit einer Heizquelle bei einer Temperatur von etwa 32 °C. Schon ab dem ersten Lebenstag ist eine Sitzstange zum Aufbaumen erforderlich. Im Alter von drei Wochen ziehen die Jungtiere dann in die Aufzuchtabteile mit einer Größe von 3 m x 0,8 m x 2 m um. Hier ist eine Wärmequelle nur noch für die nächsten zwei bis drei Wochen notwendig. Die Jungtiere baumen bereits in den höchsten erreichbaren Ästen auf. Bei warmem Wetter erhalten sie Auslauf in einer an das Abteil anschließenden, grasbewachsenen Freivoliere.

Einzelküken benötigen ein Stiefgeschwister (ein Fasan- oder Hühnerküken). Wenn das nicht möglich ist, verwende ich ein handtellergroßes Stofftier zum Kuscheln, was sehr beruhigend auf den kleine Hokko wirkt.

Die Zuchtvolieren der Alttiere sollten 10 bis 15 m Länge, 2 bis 3 m Breite und 3 m Höhe aufweisen. Die Volieren sind mit Grasbewuchs und einzelnen Bäumen und Büschen bewachsen. Zum Aufbaumen dienen armstarke waagerechte Äste. Die Überwinterung erfolgt in frostfreien Innenräumen bei 5 bis 10 °C. Jedes Abteil sollte eine Größe von etwa 3 m x 2,5 m x 2 m haben.

Hokkos sind sehr robust. Gegenüber den üblichen Geflügelkrankheiten sind sie sehr widerstandsfähig. Bisher hatte ich nur wenige Ausfälle von meist betagten Exemplaren mit einem Alter von über zwanzig Jahren. Eine Henne der Gattung *Crax*, Jahrgang 1983, die aus dem Zoo Hongkong stammte, reproduzierte vitale Küken bis Juli 2011.

Im Winterhalbjahr ist es allerdings selbstverständlich, dass die Tiere in frostfreien Innenräumen verbleiben, da sonst Erfrierungen der Füße und Atemwegserkrankungen auftreten können. Sollte das der Fall sein, ist dann eine umgehende Gabe von Antibiotika nach tierärztlicher Angabe notwendig.

Der Blumenbachhokko – hier ein Hahn – gehört zu den seltenen und bedrohten Hokkohühnern.

Alle Hokkos haben nach Eingewöhnung in einer Zuchtanlage ein vertrautes Verhalten gegenüber dem Pfleger. Als Urwaldbewohner haben sie aber einen ausgeprägten Fluchtreflex, der auf alle Fälle zu beachten ist. Daher sollte man beim Betreten der Anlage immer in dem gleichen Tonfall mit den Tieren sprechen. Der regelmäßige Kontakt zu den einzelnen Tieren gibt viele Einblicke in ihr natürliches Verhalten.

Nach dem WA-Abkommen sind alle Vertreter der Gattung *Crax* und einige der Gattung *Pipile* in den Kategorien A und B geschützt. Vor allem die großen Hokko-Arten der Gattung *Crax* sind in ihrer Heimat durch Abholzung der Habitate sowie teilweise intensiver Bejagung im Bestand gefährdet.

Es werden elf Gattungen unterschieden:

Tschatschalakas *(Ortalis)* mit elf Arten
Schakuhühner *(Penelope)* mit 15 Arten
Schakutingas *(Pipile)* mit sechs Arten
Aburris *(Abburia)* mit einer Art, die den Schakutingas sehr nahe steht
Sichelflügelguans *(Chamaepetes)* mit zwei Arten
Penelopinas *(Penelopina)* mit einer Art
Zapfenguans *(Oereophasis)* mit einer Art
Rothokkos *(Nothocrax)* mit einer Art
Mitus *(Mitu)* mit vier Arten
Helmhokkos *(Pauxi)* mit zwei Arten
Kräuselhaubenhokkos *(Crax)* mit acht Arten

Im Folgenden werden nur die wichtigsten Vertreter dieser Hühnervögel, die zurzeit auch in Europa gehalten werden, detailliert vorgestellt. Leider werden bisher nur wenige Arten in Menschenobhut gehalten. Aber ihr eigentümliches, lebhaftes Wesen begeistert jeden Vogelliebhaber.

Tschatschalakas *(Ortalis)*

Bei dieser Gattung handelt es sich um die kleinsten hokkoartigen Hühnervögel. Sie sind etwa so groß wie eine Jagdfasan-Henne und haben lange, robuste Flügel. Als Dickichtbewohner leben Sie vorzugsweise im Sekundärbusch und sind in freier Wildbahn kaum zu beobachten. Jedoch ist ihr lautes Chorgeschrei unüberhörbar. Die unscheinbare aschbraue bis rötlich braune Färbung bei beiden Geschlechtern hat offensichtlich dazu beigetragen, dass die Tschatschalakas kaum nach Europa importiert wurden. Entsprechend sind Vertreter nur selten in zoologischen Einrichtungen zu sehen. Der Vogelpark Walsrode und die Zoos von Berlin, Rotterdam und Antwerpen zeigten diese Vögel zeitweise.

Rotschwanzguan *(Ortalis canicollis)*

Der Rotschwanzguan, auch Chaco-Tschatschalakas genannt, gelangte vor über zehn Jahren in die eigene Zuchtanlage. Diese Art ist über weite Gebiete des Pantanals in Brasilien, Argentinien und Bolivien verbreitet.

Bereits während der Eingewöhnungszeit bildeten sich zwei Paare, die in Einzelvolieren gesetzt nach kurzer Zeit mit dem Nestbau begannen. Ein in 1,8 m Höhe im Innenraum aufgehängter offener Nistkasten in passender Größe diente als Unterlage.

Die Gelege umfassen drei weiße hühnereigroße rauschalige Eier. Die Brutzeit beträgt etwa 28 Tage. Die Hennen brüten zuverlässig selbst. Die Küken bleiben in den ersten beiden Tagen noch im Nest, danach klettern sie schon geschickt im Geäst der Voliere umher und übernachten unter dem Gefieder der Eltern. Die Alttiere füttern die Küken die ersten Tage durch Vorhalten der Nahrung. Die natürliche Aufzucht bedingt, dass nur ein Gelege im Jahr gezeitigt wird. Will man mehrere Gelege erhalten, ist die Brut im Inkubator problemlos möglich. In Alter von etwa 15 Monaten sind die Vögel zuchtreif.

Weitere Arten

Die weiteren Arten dieser Gattung sind:

Braunflügel-Tschatschalaka *(Ortalis vetula)* mit vier Unterarten
Graukopf-Tschatschalaka *(Ortalis cinereiceps)*
Rotflügel-Tschatschalaka *(Orralis garrula)*
Rotsteiß-Tschatschalaka *(Ortalis ruficauda)* mit zwei Unterarten
Rotkopf-Tschatschalaka *(Ortalis erythroptera)*
Graubrust-Tschatschalaka *(Ortalis policephala)* mit zwei Unterarten
Weißbauch-Tschatschalaka *(Ortalis leucogastra)*
Guayana-Tschatschalaka *(Ortalis motmot)* mit zwei Unterarten
Zwerg-Tschatschalaka *(Ortalis superciliaris)*
Flecken-Tschatschalaka *(Ortalis guttata)* mit fünf Unterarten

Schakuhühner *(Penelope)*

Diese Gattung der Schakuhühner, die auch häufig Guans genannt werden, umfasst 15 Arten. Bei diesen Arten handelt es sich um große, bis zu 90 cm lange, schlanke, baumbewohnende Vögel. Die kurzen Beine haben kräftige Zehen mit stark ausgeprägten Krallen, die zum Klettern – auch auf dünnen Zweigen – für die Nahrungsaufnahme dienen.

Die bei allen Arten vorherrschenden dunklen Gefiederfarben lassen diese Vögel im dichten Tropenwald fast unsichtbar erscheinen. Ihre Brutreviere markieren sie durch laute Trommelflüge im Dämmerlicht des Abends. Das Brutverhalten gleicht dem der Gattung *Ortalis*. Dem Pfleger gegenüber werden alle Schakuhühner sehr zutraulich.

Auch von dieser Gattung werden zurzeit in Europa nur wenige der 15 Arten gehalten. Das Hokko-Zentrum Lanaken, der Vogelpark Walsrode sowie der Zoo Antwerpen haben diese Vögel im Bestand.

Einige Arten werden auch in der eigenen Zuchtanlage gehalten, auf die im Folgenden näher eingegangen wird. Die richtige Art der Haltung ist für alle Arten dieser Gattung ziemlich gleich.

Spixguan *(Penelope jaquacu)*

Neben der Nominatform werden von dieser Art drei Unterarten beschrieben. Ihr riesiges Verbreitungsgebiet erstreckt sich über Kolumbien, Bolivien, Brasilien und Venezuela. Einzelne Exemplare in Menschobhut den verschiedenen Unterarten zuzuordnen, erweist sich als recht schwierig.

Spixguane haben eine sehr laute, raue Stimme, welche die Paare meist im Duett anstimmen. Über Haltungserfolge und Nachzuchten gibt es in der Literatur

Schakuhühner wie dieser Spixguan sind durch ihre Färbung gut an das Leben in den Tropenwäldern angepasst.

nur wenige Angaben. Auch die weltweiten Bestandserhebungen, die im Abstand von fünf Jahren vom WPA erstellt werden, ergaben zuletzt einen Gesamtbestand in menschlicher Obhut von weniger als hundert Exemplaren.

Das mir überlassene Paar war schon über zehn Jahre alt, als die Tiere bei mir in der Fasanerie einzogen. Bis zu diesem Zeitpunkt waren sie nie reproduktiv gewesen. Bereits im Vorfrühling des folgenden Jahres waren ihre extrem lauten Rufe in der Fasanerie nicht zu überhören. Im April wurde der Nistkasten in 1,8 m Höhe angenommen. Nistmaterial wurde eingetragen und schon wenige Tage später lagen drei Eier im Nest. Nach 30 Tagen war am Nestrand ein Jungtier zu sehen. Beide Elterntiere fütterten den Nachwuchs regelmäßig mit Bananenstückchen und Aufzuchtfutter wie zuvor beschrieben. Während der gesamten Aufzuchtphase von etwa drei Monaten war der Hahn extrem angriffslustig und die Fütterung nur durch einen Türspalt möglich. Auf eine Reinigung der Voliere musste daher zeitweise verzichtet werden.

Weißstirnguan *(Penelope superciliaris)*

Auch in der Fasanerie in Erfurt gehalten wird der Weißstirnguan, auch Schakupemba genannt. Diese Vögel bewohnen den Urwald wie auch dichte Sekundärvegetation nach der Rodung der Urwaldriesen in weiten Teilen Südamerikas von Brasilien, Bolivien, Paraguay und Nord-Argentinien. Es werden mehrere Unterarten beschrieben.

Beide Geschlechter sind gleichmäßig olivbraun gefärbt. Im Mantelgefieder sind kastanienbraune Flecken zu erkennen. Der kleine Kehllappen ist wie bei den Spixguanen rot gefärbt.

Das Gewicht der adulten Tiere beträgt etwa 1000 g. Die Körperlänge variiert zwischen 60 und 70 cm. Die etwas längeren Läufe dieser Guane deuten auf häufigen Aufenthalt am Urwaldboden hin. Dort suchen die Tiere nach Früchten aller Art und Insekten.

In der ersten Hälfte des vorigen Jahrhunderts wurden Weißstirnguane häufiger nach Europa importiert. In den letzten Jahrzehnten ist der Bestand hier aber sehr geschrumpft. Die WPA-Zahlen ergeben einen Bestand von unter fünfzig Exemplaren.

Die Erstzucht dieser Art gelang 1952 in Italien. Auch ich erhielt einige Dreiergelege. Einige Eier waren befruchtet, es kam aber nicht zum Schlupf. Im Spätherbst 2005 schlüpfte dann endlich ein Jungtier mit der typischen Kükenzeichnung: dunkler Rücken, hellere Streifen an den Seiten und über den Augen – ein wirklich kontrastreich gezeichnetes Dunenküken. Die Aufzucht gestaltete sich problemlos und erfolgte wie weiter oben beschrieben.

Andenguan *(Penelope montagni)*

Der Andenguan, auch Anden-Schaku genannt, bewohnt die Andenketten von Venezuela, Kolumbien, Ecuador, Bolivien und Peru bis nach Argentinien in Höhenlagen von bis zu 3500 m. Neben der Nominatform, die in den nördlichen Regionen lebt, werden vier weitere Unterarten beschrieben.

Der Andenguan hat wie alle Arten der Gattung *Penelope* eine mehr oder weniger ausgeprägte Braunfärbung. An der Unterseite befindet sich eine rahmweiße Säumung, die ein Schuppenmuster bildet. Ein kleiner Kehllappen ist rot. Die Tiere werden 50 bis 60 cm lang und erreichen ein Gewicht von etwa 800 g.

Während der Brutzeit sind laute Rufe hörbar. In freier Wildbahn sollen die Hähne Trommelflüge zur Revierabgrenzung ausführen. Laut Literatur wurde diese Art erst zum Ende des vergangenen Jahrhunderts nach Europa importiert. Regelmäßige Nachzuchten gab es in der weltbekannten Anlage von J. E. Lopez in Mexiko.

In meinen Volieren fallen diese Vögel vor allem durch ihre Zutraulichkeit auf. Zur Fütterung nehmen sie Obststückchen selbst aus der Hand des Pflegers. Während der Brutzeit ist eine paarweise Haltung notwendig und das Verhalten ändert sich in distanzierte Zurückhaltung. Der Nestbereich wird im Umkreis von 2 m verteidigt. Eine Handfütterung ist nicht mehr möglich.

Leider war anfangs eine ausdauernde Brut nicht erfolgreich, sodass die Aufzucht eines Nachgeleges im Inkubator versucht wurde. Die meisten Eier waren aber aus ungeklärten Gründen nicht entwicklungsfähig. Schließlich klappte es aber doch noch und nach 30-tägiger Brutzeit saß morgens ein Küken auf de Schlupfhorde. Alle Küken dieser Gattung schlüpfen bereits mit gut entwickelten Flügelfederchen, sodass sie sofort nach dem Schlupf ihren Eltern im Astgewirr des Urwalds folgen können.

Einige Jahre habe ich auch die **Marailguane *(Penelope marail)*** gehalten. Leider war aber mit den schon hochbetagten Tieren keine Reproduktion möglich.

Weitere Arten

Die weiteren Arten dieser Gattung sind:

Bandschwanzguan *(Penelope argyrotis)* mit zwei Unterarten
Bartguan *(Penelope barbata)*
Baudoguan *(Penelope ortoni)*
Rotgesichtguan *(Penelope dabbenei)*
Schwarzfußguan *(Penelope obscura)*
Caucaguan *(Penelope perspicax)*
Weißflügelguan *(Penelope albipennis)* (Für diese Art läuft ein internationales Zuchtprogramm mit einem entsprechenden Auswilderungsprojekt.)

Rostbauchguan *(Penelope purpurascens)* mit drei Unterarten
Schakukakaguan *(Penelope jacucaca)*
Rotbrustguan *(Penelope ochrogaster)*
Weißschopfguan *(Penelope pileata)*

Schakutingas *(Pipile)*

Diese Gattung umfasst vier Arten. Hierbei handelt es sich um schlanke Vögel mit einer Länge von ungefähr 70 cm. Auch die Vertreter dieser Gattung werden als Guane bezeichnet, sie sind sozusagen die „schlanken" Guane im Vergleich zu der Gattung *Penelope*.

Die kurzen Läufe und die kräftigen Zehen mit sehr beweglichen Krallen deuten auf ein ausgeprägtes Baumleben hin. Die Vertreter dieser Gattung bewohnen die tropischen Niederungswälder Südamerikas von Venezuela bis Brasilien und Argentinien.

Das Stimmvolumen umfasst Pfeiftöne in verschiedenen Tonlagen. Es hebt sich damit wohltuend von dem rauen Geschrei der anderen Gattungen ab.

Der Blaukehlguan ist mit den kurzen Läufen und den kräftigen Zehen an das Leben auf Bäumen angepasst.

Die Gefiederfärbung aller *Pipile*-Arten ist glänzend schwarz, am Hals mit weißen Spitzen und auf den Flügeldecken mit weißen Flecken. Die langen, in den Nacken reichenden Scheitelfedern bilden einen aufrichtbaren Schopf rahmweißer Federn. Die hellblaue Wachshaut bedeckt den Schnabel bis über die Nasenöffnungen und das gesamte Gesicht. An der Kehle ist ein länglicher Kehllappen sichtbar. Bei mehrjährigen Hähnen ist dieser besonders stark ausgeprägt.

Venezuela-Blaukehlguan *(Pipile cumanensis)*

Der Venezuela-Blaukehlguan wird von verschiedenen Privatzüchtern sowie europäischen zoologischen Einrichtungen gehalten. Das Zuchtgeschehen ist identisch mit den Arten der Gattung *Penelope*.

Die Gelege der bei mir gehaltenen Tiere bestehen aus zwei oder drei Eiern. Ein Paar brütet zuverlässig selbst und zieht die Jungtiere regelmäßig ohne Ausfälle auf. Das andere Paar brütet nicht, sodass der Inkubator dann verwendet werden muss.

Die künstliche Aufzucht bedingt, dass diese Jungtiere in der ersten Aufzuchtphase absolut handzahm werden. Sobald sie in eine größere Aufzuchtvoliere umgesetzt werden, baut sich dann eine gewisse Distanz zum Pfleger auf. Im Teenageralter von acht bis zehn Monaten sind die Tiere aus Naturbrut und Handaufzucht im Verhalten nicht mehr zu unterscheiden.

Weitere Arten

Die weiteren Arten dieser Gattung sind:

Blaukehlguan ***(Pipile pipile)*** mit den Unterarten **Trinidad-Blaukehlguan** ***(Pipile pipile pipile)*** und **Grayguan** ***(Pipile pipile grayi)***

Rotkehlguan ***(Pipile cujubi)*** mit den Unterarten **Nördlicher Rotkehlguan** ***(Pipile cujubi cujubi)*** und **Südlicher Rotkehlguan** ***(Pipile cujubi natteri)***

Schwarzstirnguan ***(Pipile jacutinga)***

Aburris *(Aburria)*

Die Gattung *Aburria* ist mit der zuvor beschriebenen Gattung *Pipile* sehr nahe verwandt. Sie ist nur mit einer Art, und zwar dem **Lappenguan** ***Aburria aburri*** vertreten.

Die Tiere bewohnen die subtropischen Bergwälder der Anden Venezuelas, Kolumbiens, Perus und Ecuadors.

Beide Geschlechter sind gleich schwarz gefärbt. An der Kehlwamme hängt ein etwa 50 mm langer, schmaler, zitronengelber Hautzipfel. Während der Brutzeit verkünden die Hähne ihre Revieransprüche mit immer wiederkehrenden lauten Rufen.

Aburris werden in Europa nur ganz vereinzelt gehalten, daher wird hier nicht näher auf die Haltung eingegangen.

Sichelflügelguans *(Chamaepetes)*

Diese Gattung ist nur durch zwei Arten vertreten. Beide Arten sind lediglich in einigen lateinamerikanischen zoologischen Einrichtungen zu finden. In Europa zeigte der Zoo Antwerpen zeitweise diese Tiere.

Mohrenguan *(Chamaepetes unicolor)*

Der Mohrenguan bewohnt die Gebirgswälder Mittelamerikas von Costa Rica bis Panama. Beide Geschlechter sind gleich schwarz gefärbt. Das Mantelgefieder besitzt einen ausgeprägten Käferglanz. Zur Revierabgrenzung werden von den Männchen Schauflüge mit Phasen schneller Flügelschläge und Gleitflüge in der Abenddämmerung ausgeführt.

Braunbauch-Sichelflügelguan *(Chamaepetes goudotii)*

Der Braunbauch-Sichelflügelguan bewohnt die Andenkette von Kolumbien, Ecuador bis Peru. Es werden bis zu fünf Unterarten beschrieben, die sich nur durch eine minimale Abweichung der vorherrschenden Braunfärbung beider Geschlechter unterscheiden.

Hochlandguans *(Penelopina)*

Hochlandguans sind mittelgroße Hokkovögel, deren Geschlechter völlig unterschiedlich gefärbt sind. Außerdem sind die weiblichen Tiere kräftiger als die Männchen, was für diese Tiergruppe recht ungewöhnlich ist. Sie bewohnen die Gebirge in Guatemala, El Salvador, Honduras, Nikaragua und Mexiko.

Hochlandguan *(Penelopina nigra)*

Penelopina nigra ist die einzige Art dieser Gattung. Die Hähne sind vollständig schwarz mit einem Käferglanz im Mantelgefieder. An der Kehle hängt ein kräftig rot gefärbter Hautlappen, der den mehr braun gefärbten Hennen völlig fehlt.

Hochlandguans halten sich wie die meisten Arten häufig im Geäst der Urwaldriesen auf, um Früchte aufzunehmen. Von dort aus unternehmen die Hähne

Revierflüge, um ihre Territorien abzugrenzen. In freier Wildbahn wurden auch schon Nester im Unterholz des Urwaldbodens gefunden, was für Hokkos eigentlich ungewöhnlich ist. Auch diese Art wird fast ausschließlich in amerikanischen Haltungen gepflegt.

Zapfenguans *(Oreophasis)*

Hierbei handelt es sich um eine monotypische Gattung.

Zapfenguan *(Oreophasis derbianus)*

Diese Vögel bewohnen die Gebirge in Guatemala bis nach Süd-Mexiko. Auf dem Kopf tragen beide Geschlechter einen roten Hornzapfen, der beim Hahn etwa 60 mm und bei der Henne etwas kleiner ist. Der übrige Kopf und das Gesicht sind mit kurzen, samtartigen Federchen bedeckt. Der Scheitel und Hals sind grünglänzend. Das übrige Mantelgefieder erscheint schwarz mit Grünglanz. Die helle Unterseite bildet ein Strichelmuster. Die verschiedenen Lautäußerungen erinnern an die Brummtöne der Vertreter der Gattung *Pauxi*.

Dieser sehr beeindruckende Vertreter der Hokkohühner wird sehr selten in menschlicher Obhut gehalten. Einige amerikanische zoologische Einrichtungen haben diese Tiere in ihrem Bestand. In Europa werden sie im Vogelpark Walsrode gehalten und eine Haltung in Portugal ist bekannt.

Rothokkos *(Nothocrax)*

Hierbei handelt es sich um eine monotypische Gattung.

Rothokko *(Nothocrax urumutum)*

Dieser mittelgroße, im Gesamterscheinungsbild braun gefärbte Vogel bewohnt das westliche Amazonasbecken in den Niederungen mit dichtem Urwald. Die Niederschlagsmenge beträgt in diesem Gebiet etwa 4000 mm pro Jahr.

Ihr undurchdringlicher Lebensraum bedingt, dass wir fast nichts vom Freileben dieser Hokkos wissen. Alle Kenntnisse beruhen auf Beobachtungen von Tieren in menschlicher Obhut.

Die gleichgefärbten Geschlechter leben offensichtlich monogam. Während der Balzzeit von März bis Juli lässt der Hahn mit der ausgeprägten Luftröhrenschleife tiefe Brummtöne hören, wobei er seine hohe Scheitelhaube aufrichtet. Die blaue Orbitalhaut steht dabei im Kontrast zum roten Schnabel. Aufgeplustert verfolgt

Die Geschlechter sind beim Rothokko gleich gefärbt.

er die Henne. Die eigentliche Kopula ist ein Sekundenakt, wie bei allen Hühnervögeln üblich.

In diesem Zusammenhang sei erwähnt, dass Hokkohühner einen korkenzieherartig geformten, erektilen Penis besitzen, vergleichbar mit dem des uns bekannten Wassergeflügels.

Nach der Literatur wurden Rothokkos um 1900 bereits in einigen europäischen Zoos gehalten. Erst 1971 wurde von einer Nachzucht im Zoo Houston (USA) berichtet. Zur gleichen Zeit erzielte J. E. Lopez in Mexiko mehrere Zuchterfolge. 1985 gelangten die ersten Rothokkos wieder nach Europa. Das Hokkozentrum Lanaken (Belgien) züchtete diese Art mehrfach.

Ein Rothokko-Küken.

Die von mir gehaltenen Tiere stammen aus diesem ursprünglichen Zuchtstock. Zuerst kamen 1998 ein- und zweijährige Jungtiere nach Erfurt. Im Jahr 2002 erfolgte die erste Eiablage in einem Nistkasten im Innenraum. Da die Tiere keine Brutversuche unternahmen, wurden beide Eier in einen Inkubator gebracht und bebrütet. Nach 29 Tagen saß ein kleiner Rothokko im Schlupfbrüter. Die Aufzucht erfolgte, wie bereits oben beschrieben, ohne Probleme.

Mitus *(Mitu)*

Die Gattung Mitu umfasst folgende vier Arten:

Marcgrave-Mitu *(Mitu mitu)*
Salvin-Mitu *(Mitu salvini)*
Samt-Mitu *(Mitu tomentosa)*
Amazonas-Mitu *(Mitu tuberosa)*

Typisch für alle Mitus ist der vergrößerte Oberschnabel.

In Europa wird zurzeit nur der Amazonas-Mitu gelegentlich gehalten, daher wird er im Folgenden beschrieben. Im Vogelpark Walsrode und in Portugal sind vereinzelt Samt-Mitus anzutreffen.

Amazonas-Mitu *(Mitu tuberosa)*

Der Amazonas-Mitu ist ein putengroßer Vogel mit einer Länge von bis zu 90 cm und einem Gewicht von 3,5 bis 4 kg. Beide Geschlechter sind gleich gefärbt, und zwar schwarz mit weißer Endbinde des Schwanzes. Unterbauch und Unterschwanzdecken sind rotbraun.

Besonderes Kennzeichen aller Mitu-Arten ist der höckerartig vergrößerte Oberschnabel. Er ist beim Amazonas-Mitu am stärksten ausgeprägt und auf dem Schnabelfirst extrem schmal ausgebildet. Der Schnabelfarbe ist karminrot, die Schnabelspitze weiß, die Beine sind hellrot gefärbt.

Alle Mitus bevorzugen feuchte Hochwälder im tropischen Amazonien Südamerikas. Bereits um 1850 wurden einzelne Mitus in europäischen Zoos gehalten. Die Erstzucht ist erst viel später gelungen. Es liegt ein Aufzuchtbericht aus dem Berliner Zoo von Heinroth aus dem Jahr 1929 vor. 1955 beschrieb Carpentier das Zuchtgeschehen im Zoo Antwerpen. Alles in allem gibt es bis heute nur sporadische Zuchterfolge. Noch bei Raethel ist zu lesen, dass der Amazonas-Mitu recht häufig in Zoos zu sehen ist. Leider weisen zurzeit nur noch weniger als zehn europäische Zoos Mitus als Bestand aus.

Helmhokkos *(Pauxi)*

Die Gattung der Helmhokkos umfasst zwei Arten, bei denen jeweils von der Nominatform noch eine Unterart unterschieden wird.

Diese putengroßen, schlanken Vögel haben ein Gewicht von 3,5 bis 3,8 kg und eine Länge bis zu 100 cm. Beide Geschlechter tragen auf dem Oberschnabelansatz einen 4 bis 7 cm hohen, festen, gut durchbluteten blauen Knochenhöcker. Mit der im Körper als Schlinge verlaufenden Luftröhre erzeugen die Hähne während der Balzzeit tiefe Brummtöne zur Revierabgrenzung.

Helmhokkos sind selten importierte Vögel. Die Nominatform des Nördlichen Helmhokkos ist zwischenzeitlich in Europa bei verschiedenen zoologischen Gärten und Privatzüchtern vertreten. Deren weitere Unterart und der Südliche Helmhokko werden dagegen weltweit äußerst selten gehalten.

Ein Paar des Nördlichen Helmhokkos.

Nördlicher Helmhokko *(Pauxi pauxi)*

Die Nominatform des Nördlichen Helmhokkos ***(Pauxi pauxi pauxi)*** bewohnt die Zentralgebirge Venezuelas und Nordkolumbiens.

Die kleinere Unterart ***Pauxi pauxi gilliardi*** lebt in einem isolierten Grenzgebiet zwischen Venezuela und Kolumbien.

Bei dieser Art sind beide Geschlechter schwarz gefärbt und haben einen grünlichen Glanz auf dem Mantelgefieder. Unterbauch und Unterschwanzdecken sind weiß, alle Schwanzfederenden sind weiß gesäumt. Der Schnabel und die Beine sind intensiv rot.

In einigen Fällen erscheinen beim Nördlichen Helmhokko als Laune der Natur auch weibliche Tiere als Rotphase. Bei diesen Exemplaren sind Kopf und Hals schwarzbraun, während der gesamte Rumpf und das Mantelgefieder rotbraun sind und schwarz gebändert erscheinen. Der Unterbauch und die Unterschwanzdecken sind weiß.

Die Küken sind auf der Oberseite braunschwarz gemustert. Die Unterseite ist hell ockerfarben. Oberhalb der Nasenlöcher befindet sich ein etwa linsengroßer dunkler Hautfleck; dort wächst später der einzigartige Helm dieser Hokkos.

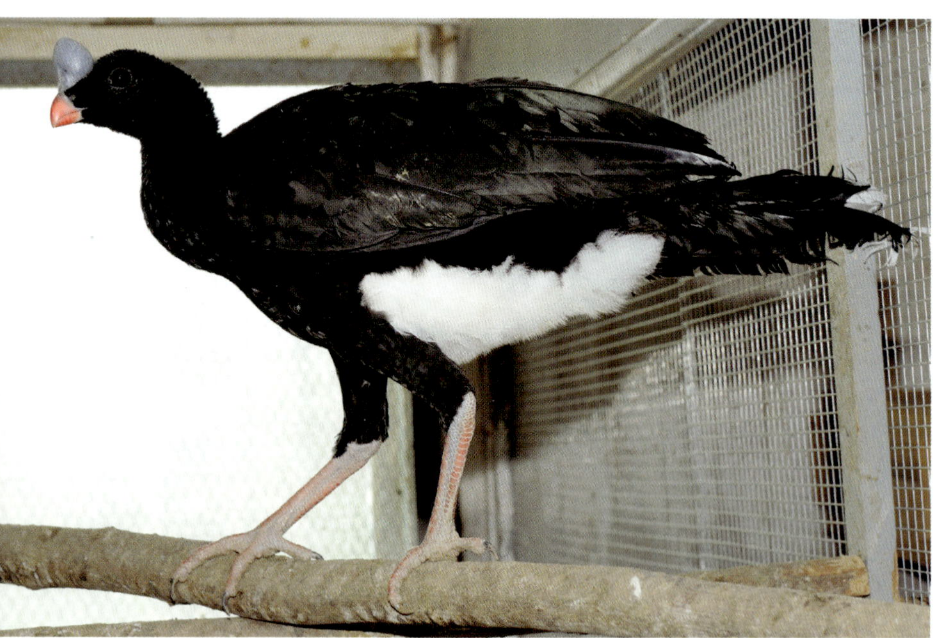

Ein einjähriger Hahn des Nördlichen Helmhokkos.

Diese Henne des Nördlichen Helmhokkos hat das Brutnest angenommen.

Die beiden weißen, sehr großen Eier haben bei meinen Tieren Gewichte zwischen 200 und 225 g. Die Brutzeit im Inkubator beträgt 30 bis 32 Tage.

In der Literatur ist ein ausführlicher Bericht über die Lebensweise der Nördlichen Helmhokkos in den Urwäldern Venezuelas von Ernst Schäfer veröffentlicht. Auch hier wird beschrieben, dass im Revier eines Hahns zwei Hennen brüten. Obwohl man davon ausgeht, dass alle Hokko-Arten monogam leben, gibt es offenbar Ausnahmen. So war auch ich anfänglich sehr überrascht, als ich bei einer Zuchtauflösung ein Trio erhielt, welches offensichtlich gut harmonisierte. Diese Tiere sind mittlererweile 15 Jahre in Erfurt und jede Henne bringt jährlich befruchtete Gelege. Dieses schwarze Trio hatte nach ein paar Jahren noch eine besondere Überraschung parat: Ein braunes Küken war geschlüpft.

Südlicher Helmhokko *(Pauxi unicornis)*

De Nominatform des Südlichen Helmhokkos ***(Pauxi unicornis unicornis)*** ist an den Osthängen der bolivianischen Anden zu Hause. Die Unterart ***Pauxi unicornis koepckeae*** bewohnt dagegen die Andenhänge in Ost-Peru.

Beide Geschlechter sind gleich gefärbt, und zwar schwarz mit leichtem Grünglanz im Mantelgefieder. Der Unterbauch und die Unterschwanzdecken sind weiß, die Schwanzfederenden weiß gesäumt.

Beim Südlichen Helmhokko ist der Helm schlanker als beim Nördlichen Helmhokko.

Im Unterschied zum Nördlichen Helmhokko tragen die Südlichen Helmhokkos einen sehr schlanken, senkrechten, hellblauen Helm. In der Haltung gleichen diese Seltenheiten den Anforderungen der anderen großen Hokko-Arten.

Ende der 1990er-Jahre sah ich durch Zufall bei einem belgischen Zootierhändler anlässlich der Anlieferung verschiedener Fasanen von mir in einem Gemeinschaftsgehege unter Büschen versteckt drei große schwarze Vögel. Auf meine Nachfrage erhielt ich die kurze Antwort, dass die Tiere aus einem Import aus Südamerika stammen. Man wusste offenbar nicht so richtig, welche Hokko-Art da als Beiladung mitgekommen war. Kurz entschlossen wurde die gesamte Fasanenlieferung gegen die drei Hokkos eingetauscht. Die Fangaktion im 500 m^2 Gehege gestaltete sich recht schwierig. Als ich die Tiere in den Transportkisten hatte, war ich davon überzeugt, ein Alttier mit zwei fast erwachsenen Jungtieren erworben zu haben. Auffallend war auch der in der Literatur beschriebene schmale, hoch aufgerichtete Helm des Altvogels. Es handelte sich eindeutig um *Pauxi unicornis*.

In der heimischen Voliere wurden die Tiere schnell zutraulich und fast handzahm. Im folgenden Jahr balzte der Althahn unaufhörlich und die beiden Jährlinge mussten aus dem gemeinsamen Gehege entfernt werden. Zwei weitere Jahre vergingen und es war nicht zu übersehen, dass sich eines der beiden jüngeren Tiere für den Althahn interessierte. Im gemeinsamen Gehege wurde sogleich auf einer Unterlage ein umfangreiches Nest gebaut. Die beiden großen, rauschaligen, weißen Eier wurden im Inkubator erbrütet und die Jungen, wie bereits beschrieben, aufgezogen. Im letzten Jahr ist ein Jungtier geschlüpft und erwachsen geworden.

Kräuselhaubenhokkos *(Crax)*

Die Gattung der Kräuselhaubenhokkos umfasst insgesamt acht Arten. Innerhalb dieser Tiergruppe sind sie die eindrucksvollsten und mit bis zu 100 cm Länge die größten aller Hokko-Arten. Trotz ihrer beachtlichen Körpergröße und einem Gewicht von bis zu 5 kg vermögen diese eleganten Vögel mit den starken Schwingen im dichten Urwald hervorragend zu navigieren.

Hokkos der Gattung *Crax* leben in Einehe und besetzen in der Natur ein festes Revier. Die Hähne grenzen die Brutplätze durch ein intensives, tiefes Brummen ab. Diese Töne werden offenbar in einer nur bei dieser Gattung ausgebildeten Verengung der Luftröhre erzeugt. Eine schlingenförmige Ausbildung der Luftröhre wie bei den bereits beschriebenen anderen Gattungen ist bei den *Crax*-Arten nicht vorhanden.

In ihrer Heimat Mittel- und Südamerika sind diese Vögel durch starke Abholzung des Lebensraums und durch Bejagung teilweise bereits sehr im Bestand dezimiert worden. Nach dem WA-Abkommen sind alle Arten dieser Gattung in der Kategorie A bzw. B geschützt. Im Zootierhandel werden sie fast nie angeboten und nur wenige zoologische Einrichtungen weltweit halten diese Hokko-Arten in nennenswerter Anzahl. Private Vogelzüchter finden bei Besuchen hier in Erfurt diese Vögel besonders anziehend.

Ihre Größe erfordert ein Gehege von etwa 10 bis 15 m Länge, 2 bis 3 m Breite und möglichst 2,50 bis 3 m Höhe. Im Winter ist ein frostfreier Innenraum von 6 bis 9 m² erforderlich. Der Interessentenkreis für diese Tiere ist damit etwas eingeschränkt.

Ein einjähriger Hahn (oben) und eine Junghenne (unten) des Knopfschnabelhokkos.

Typisch für den Knopfschnabelhokko-Hahn ist das gelbe Karunkel auf dem Oberschnabel.

Die männlichen Tiere dieser Gattung haben ein durchgehend schwarzglänzendes Gefieder. Nur die Unterbauch- und Unterschwanzfedern sind weiß gefärbt, wogegen die weiblichen Tiere kontrastreich braun-weiß-schwarz gestreift erscheinen. Bei einigen Arten bilden diese noch zusätzlich mehrere Farbphasen – entsprechend ihres Verbreitungsgebietes – aus. Dieser Umstand führte bisweilen bei Importen zu Schwierigkeiten bei der Zuordnung der Arten bzw. Unterarten, zumal alle *Crax*-Arten untereinander fruchtbare Nachkommen erzeugen können. Taibel aus Italien hat dazu in der Mitte des vorigen Jahrhunderts umfangreiche Kreuzungsversuche durchgeführt.

Charakteristisch für die Hähne ist die stark entwickelte Schnabelwachshaut mit fleischigen Aufsätzen am Oberschnabel und teilweise auch am Unterschnabel. Beide Geschlechter weisen eine große aufrichtbare Scheitelholle auf, die bei Erregung vor und rückwärts bewegt wird, und zwar in der gleichen Art, wie wir es von verschiedenen Kakadu-Arten kennen.

Die langen, kräftigen Beine haben starke, bewegliche Zehen mit gebogenen Krallen, die diesen Vögeln einerseits auf dem Urwaldboden eine schnelle Flucht vor Beutegreifern ermöglichen und andererseits ihnen die Möglichkeit geben, im Geäst des Urwaldes außerordentlich geschickt nach verschiedenen Baumfrüchten klettern zu können.

Knopfschnabelhokko *(Crax rubra)*

Der eindrucksvollste Vertreter dieser Gattung ist zweifellos der Knopfschnabelhokko, auch Tuberkelhokko genannt. Diese bis 5 kg schwer werdenden und reichlich putengroßen Vögel bewohnen tropische Urwälder mit Primärbewuchs in Mexiko, El Salvador, Kolumbien und Ecuador. Die Hähne tragen auf dem Oberschnabel eine hühnereigroße, leuchtend gelbe Karunkel. Die übrige Schnabelwachshaut ist gelb ausgebildet.

Die weiblichen Tiere erscheinen in drei Farbphasen. Die Dunkelphase ist vornehmlich in Südmexiko anzutreffen. Diese Hennen sind dunkelbraun, im Mantelgefieder schwarzbraun gefärbt. Bei manchen Exemplaren sind die Schwanzfedern leicht hell gebändert.

Die Rotphase ist, wie der Name vermuten lässt, im Gesamtbild heller rotbraun erscheinend und vor allem in Kolumbien anzutreffen. Die Schwanzfedern sind mehrfach hell gebändert.

In den mexikanischen Bundesstaaten Yukatan und Chiapasn tritt neben der Dunkelphase auch die selten anzutreffende Bänderphase als Unterart ***Crax rubra hecki*** auf. Die Hennen dieser Unterart sind fast durchgehend schwarz-weiß mit etwas Braunanteil im Mantelgefieder gezeichnet. Die Unterseite erscheint gelblich. In Belgien, im Vogelpark Walsrode und in Erfurt sind diese Seltenheiten zurzeit zu sehen. Die Tiere der Dunkelphase hier in Erfurt stammen ursprünglich aus dem Bestand des Zoologischen Gartens Berlin.

Eine Knopfschnabelhokko-Henne.

Bereits seit 1994 habe ich mit wechselndem Erfolg Jungtiere davon aufziehen können. Leider brütete die Henne nicht ausdauernd, sodass immer wieder die Brutmaschine eingesetzt werden musste. Bei einem Eigewicht von etwa 200 g ist hierbei manuelle Wendung notwendig. Nach 32 Tagen schlüpfen die Küken. Dazu verwende ich einen kleinen Schlupfbrüter ohne Horde. Die Eier werden auf einem Handtuch gelagert und die Schlupftemperatur auf etwa 36,5 °C eingestellt, die Luftfeuchtigkeit liegt bei 65 bis 70 %. Die Aufzucht erfolgt, wie bei den anderen Arten bereits beschrieben.

Blaulappenhokko *(Crax alberti)*

Der Blaulappenhokko gehört zu den Arten, die bei uns nur recht selten in Menschenobhut gehalten werden.

Der Blaulappenhokko bewohnt die Regenwälder der nordkolumbianischen Ebene. Der Hahn hat eine intensiv blaue Schnabelwachshaut und am Unterschnabelgrund eine ebenso gefärbte Karunkel. Das Gefieder ist schwarz mit Grünglanz. Die Unterseite ist weiß, die Schwanzfedern tragen eine weiße Endbinde.

Die Hennen tragen ebenfalls eine blaue Schnabelwachshaut und kommen in zwei Farbphasen vor: eine Rotphase und eine Bänderphase. Im Farbmuster sind sie den Hennen von *Crax rubra* sehr ähnlich.

Blaulappenhokkos werden in Europa kaum gehalten. Der Vogelpark Walsrode besitzt diese Art und eine Haltung in Portugal ist bekannt.

Estudillohokko *(Crax estudilloi)*

Vom Estudillohokko ist nur ein Hahn bekannt. Dieses Tier gelangte als Jungvogel zu J. E. Lopez nach Mexiko. Die Färbung entspricht derjenigen der anderen *Crax*-Arten. Die Schnabelwachshaut ist grünlich. Eine kleinere Oberschnabelkarunkel ist ausgebildet.

Sclaterhokko *(Crax fasciolata)*

Der Sclaterhokko bewohnt riesige Gebiete Südamerikas in Brasilien, Bolivien und Argentinien. Neben der Nominatform sind zwei weitere Unterarten bekannt. Während die Hähne bei allen gleich schwarz gefärbt sind, erscheinen die Hennen je nach dem Verbreitungsgebiet mehr oder weniger im Mantelgefieder schwarzweiß gestreift mit gelblicher bis ockerfarbener Unterseite.

Sclaterhokkos sind zierlicher im Erscheinungsbild als Knopfschnabelhokkos. Sie erreichen eine Länge von etwa 85 cm und ein Gewicht von durchschnittlich 2,5 bis 3 kg. Das Eigewicht beträgt 150 bis 160 g und die Brutzeit 30 bis 32 Tage.

Der Nestbau erfolgt wie bei den anderen *Crax*-Arten vornehmlich vom Hahn. Bei mir nehmen alle Arten die Nistkästen im Innenraum in etwa 1,80 m Höhe ohne Probleme an. Im Laufe der Zeit mussten allerdings die Drahtgitter der Innenzwischenwände durch stärkeres punktgeschweißtes Kasanettgitter ersetzt werden, da die Hähne der großen Hokko-Arten das sonst übliche Sechseckdrahtgitter als Nistmaterial verwendeten, was dann zu Unfällen führen könnte.

Die eigentliche Aufzucht der kleinen Sclaterhokkos erfolgt wie bereits beschrieben. Diese Art ist zurzeit in Europa in den einschlägigen Hokkozuchten noch relativ häufig anzutreffen.

Glattschnabelhokko *(Crax alector)*

Der Glattschnabelhokko bewohnt die dichten Primärurwälder der Flussläufe des Orinoko und des Rio Negro von Venezuela, Kolumbien und Brasilien. Beide Geschlechter sind gleich schwarz gefärbt. Die Schnabelwachshaut variiert zwischen gelb bis rötlich, je nach Verbreitungsgebiet.

Tiere dieser Art werden nur vereinzelt in einigen Zoos in Europa gehalten.

Yarrellhokko *(Crax globulosa)*

Der Yarrellhokko bewohnt trockenere Waldgebiete des Amazonasbeckens von Kolumbien, Ecuador, Peru und Brasilien. Der Hahn trägt auf hellrötlicher Schnabelwachshaut einen Oberschnabelhöcker sowie am Unterschnabel einen ebensolchen Hautklunker. Die Färbung entspricht dem Farbmuster der anderen *Crax*-Arten.

Die Hennen zeigen ebenfalls eine rötliche Schnabelwachshaut, aber ohne Hautanhänge. Die Unterseite ist braunrot.

Nur sehr wenige zoologische Einrichtungen haben Yarrellhokkos in ihrem Bestand.

Daubentonhokko *(Crax daubentoni)*

Diese Art lebt in den Galeriewäldern Nordost-Kolumbiens bis nach Venezuela. Der schwarz gefärbte Hahn trägt einen gelben Oberschnabelhöcker sowie Unterschnabelklunkern.

Der Rumpf der Henne ist schwarz, die Flügel und die Unterseite sind hell gebändert. Eine weißgelbe Iris gibt dem Gesicht der Henne einen markanten Ausdruck.

Auch diese Hokko-Art wird nur gelegentlich in Europa gehalten.

Ein Weibchen des in Europa selten gehaltenen Daubentonhokkos.

Blumenbachhokko *(Crax blumenbachii)*

Diese sehr seltene Hokko-Art bewohnte Küstenregionen Süd-Brasiliens und ist durch Waldrodung fast ausgerottet worden. Unter Federführung des Hokkozentrums Lanaken (Belgien) läuft in Europa ein Zuchtprogramm für den Erhalt dieser Art.

Die Hähne haben eine intensivrote Schnabelwachshaut mit kleinem Oberschnabelhöcker und größeren Unterschnabelklunkern. Die Gefiederfärbung entspricht derjenigen der anderen beschriebenen Arten.

Die Hennen haben ein dunkelbraunes Mantelgefieder, auf den Flügeln mit schwarzer Bänderung. Die Unterseite ist rötlich gelb. Der gesamte Schnabel ist graublau gefärbt.

Der bedrohte Blumenbachhokko – hier ein Paar – soll durch Zuchtprogramme erhalten werden.

Anhang

Literatur

Beebe, William: A Monograph of Pheasants. Witherby, London, 1918–1922.
Beebe, William: A Monograph of the Pheasants. Dover Publications Inc., New York, 1990.
Beebe, William: Pheasants, their Lives and Homes. Doubleday, Dorn & Co., New York, 1925, 2. Edition, 1936.
Beebe, William: Pheasant Jungles. New York, 1927.
Boetticher, Hans von: Die Perlhühner. Die Neue Brehm-Bücherei. 130, A. Ziemsen, Lutherstadt-Wittenberg, 1945.
Brown, A.: Kunstbrut: Handbuch für Züchter. Verlag M.+H. Scheper, Hannover, 1988.
CWCA: Wildlife of China. Beijing, China, 1988.
Delacour, Jean: Note on the Eared Pheasants (Crossoptilon). Zoologica, 80: 43–45, New York, 1945.
Delacour, Jean: The Birds of Malaysia. New York, 1947.
Delacour, Jean: The genus Lophura. Ibis, 1949.
Delacour, Jean: The Pheasants of the World. Charles Scribner's Sons, 1952.
Delacour, Jean: Pheasant Breeding and Care. All-Pets Books Inc., Wisconsin, 1953.
Delacour, Jean: The Pheasants of the World. Spur Publications and WPA, 1977.
Delacour, Jean und Amadon: Curassows and related Birds. Lynx Edicions and The National Museum of Natural History, Barcelona and New York, 2004.
Del Hoyo, J. et al: Handbook of the Birds of the World. Vol. 2 New World Vultures to Guineafowl, Lynx Editions Barcelona, 1994.
Denley, C. F.: Ornamental Pheasants. Glenmont, Maryland, 1935.
Elliot, W.: Monograph of the Phasianidae. vol. 2, 1872.
Ghigi, Allesandro: Les Faisans du genre Lophura. L'Oiseau, Paris, 1926.
Ghigi, Allesandro: Monografia delle Galline di Faraone (Numididae). Piacenza, 1927.
Ghigi, Allesandro und Delacour, Jean: Les Faisans. L'Oiseau, Paris, 1930.
Ghigi, Allesandro und Delacour, Jean: Pheasants. Avicult. Mag., n. s. 8, London, 1930.
Grummt, W.: Beitrag zur Systematik Weißer Ohrfasanen. Milu, Berlin, 1980.
Hachisuka, M.: Notes sur les Lophophores. L'Oiseau, Paris, 1938.
Hachisuka, M.: Classification and Distribution of Game Birds. Congr. Orn. Int. Rouen, 1938.

Heinroth, Oskar: Die Balz des Bulwerfasans. Journ. f. Orn. 86, 1938.
Hennache, A. und Ottaviani, M.: Monographie des faisans. Vol. 1, 357 pages, Edition WPA France, Clères, France, 2005.
Howman, Keith: Pheasants of the World. London, 1993.
Huxley, J.: The Display of Rheinart's Pheasant. Proc. Zool. Soc., London, 1941.
Jabouille, P.: La reproduction du Rheinarte ocellé. L'Oiseau, 1926.
Johnsgard, P. B.: The Pheasants of the World. Oxford University Press, 1986.
Kuroda, N.: A Monograph of the Pheasants of Japan, incl. Korea and Formosa. Tokyo, 1926.
Lambert, P. J.: Ornamental Pheasants. London, 1935.
Mahecha, Jose Vicente Rodriguez, Hughes, Nigel, Nieto, Olga und Franco, Ana Maria: Paujiles, Pavones, Pavas & Guacharacas. Neotropicales, Conservacion Internacional, Bogota-Columbia, 2005.
Madge, S. und McGowan, P.: Pheasants, Partridges and Grouse. Christopher Helm, London, 2002.
McGowan, P. J. K.: Family Phasianidae in: Handbook of Birds of the World. Vol. 2, p. 434-552, Lynx Editions, Barcelona, 1994.
Peters, James Lee: Check-list Birds of the World. Vol. 2, Cambridge, Mass., 1934.
Raethel, Heinz-Sigurd, C. v. Wissel u. M. Stefani: Fasanen und andere Hühnervögel.
Neumann-Neudamm, Melsungen, 1976.
Raethel, Heinz-Sigurd, C. v. Wissel u. M. Stefani: Hühnervögel der Welt. Neumann-Neudamm, Melsungen, 1988.
Raethel, Heinz-Sigurd: Wachteln, Rebhühner, Steinhühner, Frankoline. Oertel+Spörer, Reutlingen, 2013.
Robiller, F.: Lexikon der Vogelhaltung. Edition Leipzig, 1986.
Robiller, F.: Käfige und Volieren. Landwirtschaftsverlag Berlin, 1983.
Robiller, F.: Das große Lexikon der Vogelpflege. Verlag Eugen Ulmer, Stuttgart 2003
Severzow-Institut – UdSSR: Handbuch der Vögel der Sowjetunion. Band 4, Ziemsen-Verlag, Wittenberg, 1989.
Sick, Helmut: Birds in Brasil. A Natural History, Translated from the Portuguese by William Belton, Princeton University Press, New Jersey, 1993.
Taka-Tsukasa, Prinz N.: The Birds of Nippon, 1. Galli, Tokyo, 1933–1943.
Wolters, J.: Edelfasane, Eigenverlag, Bottrop, 1987.
WPA: Journal I–XVIII, Payn Essex Printers Ltd., Sudbury, Suffolk-UK, 1975–1993.
WPA: Annual Review 1993–2013.

Register

Register der wissenschaftlichen Namen

Fasanerie Erfurt

Die nachfolgend vorgestellte Fasanerie wurde seit dem Jahr 1957 als Liebhaberzucht mit einigen häufigen Fasanenarten, Wildtauben und verschiedenem Rassegeflügel auf sehr begrenztem Gelände am ehemaligen Wohnsitz in der Altstadt von Erfurt eingerichtet.

Ab 1974 wurde die Zuchtanlage am jetzigen Standort am Rande der Stadt auf einer Fläche von 7.500 m^2 aufgebaut. In über 150 Volieren werden zurzeit über 60 Arten bzw. Unterarten fast aller Fasanengattungen gezüchtet. Außerdem zwölf Arten Hokkos und Guans, Ährenträgerpfauen, Pfauentruthühner sowie Helm-, Hauben- und Geierperlhühner.

Es werden nur eigene, beringte, artenreine Nachzuchten abgegeben. Zahlreiche F2/F3-Importnachzuchten dienen der Blutauffrischung der Zuchtbestände.

Alle *Phasianus*-Unterarten stammen aus Original-Wildfängen ihrer Heimat Zentralasien.

Zehn Unterarten kamen bisher über Erfurt erstmals nach Europa. Diese Anlage stellt damit eine der umfassendsten Fasanerien Europas dar. Besonderes Augenmerk wurde der artgerechten Einrichtung der Gehege, mit natürlichem Pflanzenwuchs, gewidmet. Die kontinuierliche Betreuung durch ein erfahrenes Tierärzteteam garantiert einen überdurchschnittlichen Gesundheitsstatus des Zuchtbestands und dessen Nachzuchten.

Entsprechend dem Hauptauftrag dieser Einrichtung, sich der Erhaltungszucht vom Aussterben bedrohter Fasanenarten nach dem Washingtoner Artenschutzübereinkommen zu widmen. Die alljährlich zahlreichen Nachzuchten werden an zoologische Gärten und Tierparks sowie an Interessenten in über 40 Länder der Welt abgegeben.

Sie können sich über die Arbeit der Fasanerie Erfurt auch im Internet informieren unter: www.fasanerie-erfurt.de.